Jörg Sczepek

*Photo*Wissen
Naturwissenschaften und Psychologie für Photographen

3 Kontrast

NaturWissenschaft
+Photographie

Impressum

© 2011 Jörg Sczepek
Alle Rechte vorbehalten

Herstellung und Verlag:
Books on Demand GmbH, Norderstedt

ISBN 9783842337527

Die Wiedergabe von Gebrauchsnamen, Handelsnamen, Warenbezeichnungen usw. in diesem Buch berechtigen auch ohne besondere Kennzeichnung nicht zu der Annahme, daß solche Namen im Sinne der Warenzeichen- und Markenschutzgesetzgebung als frei zu betrachten wären und daher von jedem benutzt werden dürften.
 Text und Abbildungen dieses Buches wurden mit größter Sorgfalt erarbeitet. Verlag und Autor können jedoch für eventuell verbliebene fehlerhafte Angaben und deren Folgen weder eine juristische Verantwortung noch eine wie auch immer geartete Haftung übernehmen.

Soweit nicht ausdrücklich anders angegeben beziehen sich Brennweitenangaben auf das volle Kleinbildformat 24x36 mm und Belichtungswerte auf ASA 100.

„Die Rechtschreibreform führt zur Verflachung der deutschen Sprache und ist ein kostspieliger Unsinn" (Siegfried Lenz, 1996). Dieser Kritik und dem „Frankfurter Apell"schließt sich der Autor dieses Buches an und bleibt bei jenen Regeln, die als „alte Rechtschreibung" bekannt sind.

Inhaltsverzeichnis

Einleitung 6

1. Was Kontrast ist und wie man ihn bestimmt
Grundlagen – Definition 10
Grundlagen – Der Logarithmus 13
    ...in der Mathematik 13
    ...in der Photogrphie 14
Grundlagen – Die Charakteristik-Kurve 16
Grundlagen – Kontrastmaße
    Der Gammawert 18
    Der Beta-Wert 20
    Der Kontrast-Index 21
Grundlagen – Der Dynamikbereich 22

2. Kontrastwahrnehmung
Warum Kontrast für unsere Visualität entscheidend ist 26
Der Dynamikbereich des visuellen Systems 28
    Der Antwortbereich der Fotorezeptoren 29
    Die Hell-/Dunkel-Adaptation 30
    Laterale Hemmung 35
    Dynamische Verstärkung 36
    Pupillengröße 37
Die Mindestgröße der Helligkeitsunterschiede 38
Die Anzahl der wahrnehmbaren Tonwert 41

Inhaltsverzeichnis

3. Kontrast in der Photographie

Forderung 0 – Unsere Erwartungen an die
Kontrastreproduktion einer Photographie 44
Faktoren, die wir zur Erfüllung der Forderung 0 berücksichtigen müssen 45
    Faktor 1 – Streulicht 45
    Faktor 2 – Umgebungshelligkeit 49
    Faktor 3 – Bildqualität 51
    Die resultierende Charakteristik 52

Die Forderung 0 im Analogbereich 53
    Praxisbetrachtung Umkehrfilm 57
    Praxisbetrachtung Negativfilm plus Papier 58

Das Kontrastverhalten elektronischer Bildträger 59
    Der Dynamikbereich elektronischer Bildträger und
    welche Faktoren ihn begrenzen 65
    Die untere Grenze des Dynamikbereichs – Rauschen 66
        Ausleserauschen 66
        Aufnahmerauschen 67
        Festmusterrauschen 68
        Zufallsmusterrauschen 68
        Dunkelrauschen 68
    Die obere Grenze des Dynamikbereichs – Die maximale Signalstärke 69
        Empfindlichkeitseinstellung 69
        Full Well Capacity 70
    Ermittlung des Dynamikbereichs 71
    Nachschlag – Die Bitbreite der A/D-Wandlung und
    ihr Verhältnis zum Dynamikbereich 76
    Praxisbetrachtung der Größen Dynamikbereich,
    Empfindlichkeit, Full Well Capacity und Pixelfläche 77

Inhaltsverzeichnis

Die Forderung 0 im Digitalbereich 79
   Kompensation des Streulichts 80
   Kompensation der Umgebungshelligkeit 81
   Erhöhung der Bildqualität 81
Gammakorrektur – Ganz in der Schwebe 86
   Gammakorrektur die Erste – Verzerren der Linearität 86
   Gammakorrektur die Zweite – Ausgleich der Monitoreigenschaften 89
   Gammakorrektur die Dritte – Verteilung der Helligkeitswerte auf 8-Bit ... 91
   Gammawerte in verschiedenen Farbräumen 96

Der Kontrast und die Belichtung 97
   12 % oder 18 % - Das Problem des Eichwerts der Belichtungsmesser 99
   Farbhelligkeiten und Belichtungsmessung 100
   Möglichkeiten der Belichtungsmessung - Die Objektmessung 102
      Integrative Messmethoden 104
      Selektive Messmethoden 107
   Möglichkeiten der Belichtungsmessung - Die Lichtmessung 110
   Belichtungsbestimmung für den Silberfilm 111
   Belichtungsbestimmung für digitale Aufnahmesysteme 112

Kontrastmanipulation bei der Aufnahme 118
   Verlauf in Grau 118
   Gezielt Blitzen 119

4. Anhang
   Anmerkungen 124
   Literaturverzeichnis 124
   Stichwortverzeichnis 131

Einleitung

Ein paar Worte vorweg

Die Reihe *PhotoWissen* ist ein Kind der Unzufriedenheit. Der Unzufriedenheit über die Gleichgültigkeit, mit der die populäre Standardliteratur über die eigentlichen Grundlagen der Photographie hinweggeht. Diese Grundlage ist unsere Art zu sehen, womit die physiologischen Fähigkeiten und Voraussetzungen unseres visuellen Systems gemeint sind. Viele Texte heben nur auf die technischen Details der Photographie ab, ohne deutlich zu machen, daß die Phototechnik nicht vom Himmel gefallen ist. Vielmehr basiert sie auf dem, was uns die Wissenschaft über unsere visuellen Fähigkeiten gelehrt hat. Eine der Grundlagen der Photographie sind also wir selbst!

Ein Beispiel. Da ich als Photograph dem Dia schon immer stärker zugeneigt war als dem Negativ, trieb mich lange eine Frage um: „Warum zum *bleep* verläuft die Charakteristik-Kurve beim Umkehrfilm so viel steiler als beim Negativmaterial?" – Im aktuell voll entbrannten Digitalzeitalter mag dies als Anachronismus gelten, aber ich belichte nach wie vor gern Diafilme. Vielleicht nur, um gegen den Strom zu schwimmen. Wie auch immer, auf der Suche nach einer Antwort auf diese Frage habe ich zahllose Buchseiten gewälzt, noch mehr Websites durchgeackert und viele Internetforen konsultiert. Die Liste der Ergebnisse war so vielfältig, wie die ihrer Quellen. Sie reichte vom schlichten „weil er länger entwickelt wird" über „damit die Farben gesättigter sind" bis zu „, um den Motivkontrast im Dunklen richtig zu reproduzieren". Die richtige Antwort war also dabei, aber das konnte ich erst einschätzen, nachdem ich mich durch die Grundlagen unserer Visualität gearbeitet und gelernt hatte, daß wir den Kontrast und dunklen- und hellen Umgebungen unterschiedlich wahrnehmen. Diesem Themenkomplex widmet sich dieser dritte Band ausführlich.

Vielleicht meinen es die Autoren nur gut, wenn sie die interessierten Leser mit den tiefliegenden Einzelheiten verschonen, aber vielleicht kommt darin auch nur der inzwischen weit verbreitete Hang zu einfachen Wahrheiten zum Ausdruck. Fakt ist aber, daß das Erlangen echter Kenntnis selten leicht und bequem ist, am Ende aber immer einen immensen Vorteil darstell. Denn *„Luck favours the prepared mind"*, wie der US-Naturphotograph Galen Rowell so treffend geschrieben hat. Erst die Vorbereitung in Form von Wissenserwerb versetzt uns in die Lage, eine gewollte Situation zum richtigen Zeitpunkt herbeizuführen. So ist das Ziel der Reihe *PhotoWissen*

Einleitung

also, die Verbindungen zwischen der Natur, den Wissenschaften und der Photographie aufzuzeigen, damit die Technik leichter zu verstehen ist. Auf dieser Basis ergibt sich vieles dann ein gutes Stück weit von allein.

Der erste Abschnitt arbeitet die Grundlagen des Themas heraus: was Kontrast ist, welche Rolle der Logarithmus spielt, wie sich der Kontrast bemißt und was es mit dem Dynamikbereich auf sich hat.

Der Abschnitt zur Kontrastwahrnehmung erläutert, daß das Vorhandensein von Kontrast entscheidend für unsere Visualität ist. Denn das visuelle System konstruiert unsere wahrgenommene Welt anhand der Unterbrechungen entlang der Objektkanten, weil dies die ökonomischte Art der Signalisierung ist. Der zweite Teil widmet sich dem Kontrastvermögen unseres visuellen Systems und stellt die Faktoren vor, von denen es abhängt.

Der dritte Abschnitt kommt auf den photographischen Punkt. Er erörtert zunächst, welche Erwartungen wir im allgemeinen an die Kontrastreproduktion einer Photographie haben und was wir beachten müssen, um sie zu erfüllen. Diese Erkenntnisse überträgt er im zweiten Teil auf die analogen Bildträger und im dritten auf die Digitalsysteme. Hier wird der fundamentale Unterschied zwischen den beiden Aufnahmewelten deutlich: Silberfilme sind von Grund auf auf die Erfülung der eingangs formulierten Forderung 0 getrimmt, elektronische Bildträger besitzen dagegen ein ganz eigenes Kontrastverhalten. Von welchen Faktoren dies abhängt, wie man es selbständig bestimmen kann und wie man die subjektive Erwartung an die Bildqualität in der Welt von Bits und Bytes erfüllt, wird detailliert ausgeführt. Zwei abschließende Abschnitte widmen sich dem Verhältnis zwischen Kontrast und Belichtung, wobei deutlich wird, daß sich die Belichtungsbestimmung im Digitalbereich an anderen Eckwerten bemessen wollte als bei Silberfilmen und den Möglichkeiten der Kontrastmanipulation bei der Aufnahme.

1 Was Kontrast ist und wie man ihn bestimmt

Inhalt

Grundlagen – Definition
Grundlagen – Der Logarithmus
　...in der Mathematik
　...in der Photogrphie
Grundlagen – Die Charakteristik-Kurve
Grundlagen – Kontrastmaße
　Der Gammawert
　Der Beta-Wert
　Der Kontrast-Index
Grundlagen – Der Dynamikbereich

Was Kontrast ist und wie man ihn bestimmt

Grundlagen – Definition

Am Anfang jeder visuellen Wahrnehmung oder photographischen Abbildung steht Kontrast, denn nur durch sein Vorhandensein entstehen die Objekte für uns. Das folgende Zitat erhellt diesen Zusammenhang gut: *„Ein beliebiger Gegenstand läßt sich ... nur dann vom Auge wahrnehmen ... , wenn er sich aus seiner Umgebung durch eine von dieser verschiedenen Leuchtdichte hervorhebt. Einzelheiten in ihm sind ebenso nur dann zu erkennen, wenn sie sich von benachbarten Einzelheiten in ihrer Leuchtdichte unterscheiden, so daß entsprechende Unterschiede in der Beleuchtungsstärke auf der Netzhaut oder auf der lichtempfindlichen Schicht auftreten. Als Maß für derartige Unterschiede benutzt man den Kontrast. Er wird im allgemeinen definiert als das Verhältnis zwischen der Leuchtdichte des Umfelds L_U und der des Objekts L_O"* (Michel 1967 S. 99).

Aber der Begriff Kontrast wird in vielen verschiedenen Zusammenhängen gebraucht und um Missverständnisse zu vermeiden, müssen wir zunächst einmal festlegen, wovon wie hier reden. Kontrast kommt von dem lateinischen *contra* („gegen") und *stare* („stehen") und bezeichnet demzufolge etwas, daß sich gegenübersteht. In Bezug auf das visuelle System sind das Intensitätswerte und Helligkeitswerte, denn **Kontrastwahrnehmung** ist die Umsetzung von physikalischen Intensitätsunterschieden (die einwirkende Beleuchtungsstärke in Lux oder die retinale Beleuchtungsstärke in Troland) in wahrgenommene Helligkeitsunterschiede als Empfindungsstärke. Im Hinblick auf die Photographie haben wir es mit **Kontrastreproduktion** zu tun. In der analogen Photographie heißen die Größen Belichtungswerte und Dichtewerte, im Fall digitaler Aufnahmesysteme Belichtungswerte und Datenwerte (Binärwerte).

Kontrast ist also irgendwie immer der Unterschied zwischen hell und dunkel und das Kontrastvermögen kennzeichnet die Fähigkeit, diese Unterschiede zu verarbeiten. Der Kontrastumfang ist der Unterschied zwischen der kleinsten und der größten Leuchtdichte, Helligkeit oder Dichte. Eine kontrastreiche Aufnahme zeichnet sich durch einen großen Unterschied zwischen Schwarz und Weiß aus, während eine kontrastarme durch nah beieinanderliegende Helligkeitswerte auffällt, wie in Abb. 1 und 2 gut zu erkennen ist. Für die meisten Mißverständnisse und subjektiv mißlungenen Bilder ist das im Vergleich zu unserem Sehsystem eingeschränkte Kontrastvermögen vieler photographischer Materialien verantwortlich.

Grundlagen – Definition

Abb. 1: Foto geringer Kontrast

Abb. 2: Foto großer Kontrast

Da wir den Abstand zwischen hell und dunkel in der Phototechnik in verschiedenen Zusammenhängen bestimmen können, wollen wir diese unterschiedlichen Spielarten zunächst einmal voneinander abgrenzen. An erster Stelle haben wir da die beiden Formen, die uns normalerweise physikalisch vorgegeben sind. Der **Beleuchtungskontrast** bezeichnet den Unterschied zwischen der größten und der kleinsten auf das Motiv wirkenden **Beleuchtungsstärke**. Der **Objektkontrast** meint die Differenz zwischen der hellsten und der dunkelsten Stelle eines Objekts (**Objekthelligkeit**). Er ist durch die unterschiedlichen Reflexionseigenschaften der verschiedenen Oberflächen bedingt und damit unabhängig von der Beleuchtung. **Abb. 3** illustriert den Zusammenhang zwi-

Was Kontrast ist und wie man ihn bestimmt

Abb. 3: Kontrastarten

schen den beteiligten Größen Beleuchtungsstärke, Objekthelligkeit und der daraus resultierenden Motivhelligkeit.

An zweiter Stelle stehen die sich daraus ergebenden Kontrastarten. Der **Motivkontrast** definiert den Unterschied zwischen der größten und der kleinsten Lichtmenge, die von einem Motiv ausgeht. Er hängt ab von der Beleuchtungsstärke und der Fähigkeit des Motivs diese zu reflektieren. Der **Belichtungsumfang** meint die durch den Motivkontrast bedingte Differenz zwischen der größten und der kleinsten auf den Bildträger wirkenden Belichtung und ist nach Abzug der Kontrastminderung durch Streulicht im Objektiv und Kameragehäuse identisch mit diesem Faktor. Als **zulässigen Belichtungsumfang** wollen wir den Unterschied zwischen der hellsten und der dunkelsten Motivstelle, in der im Bild noch Zeichnung erkennbar sein soll, bezeichnen. – Tut mir leid, aber die Haarspalterei und Wortklauberei ist nötig damit wir wissen, wovon wir sprechen, wenn wir im folgenden die unterschiedlichen Bildträger auf ihr Kontrastverhalten hin untersuchen.

Um den Kontrast messtechnisch zu beschreiben, bedient man sich des Kontrastverhältnisses zwischen der Leuchtdichte des hellsten und des dunkelsten Punktes. Für die Helligkeitswerte natürlicher Szenen oder Bilder ist das Kontrastverhältnis definiert als

Kontrastverhältnis = Maximalhelligkeit / Minimalhelligkeit

Abb. 4: Motivkontrast und Belichtungsumfang. Angegeben sind die Blendenwerte für 1/250 sec Belichtungszeit.

Grundlagen –
Der Logarithmus

Bevor wir in die Materie einsteigen, will ich kurz einen Begriff erklären, der vielleicht nicht jedem greifbar ist, sich aber dennoch wie ein roter Faden durch den Stoff zieht: den **Logarithmus**. Der Logarithmus (vom griechischen *„lógos"* = Verständnis, Lehre, Verhältnis und dem griechischen *„arithmós"* = Zahl; der Logarithmus ist somit eine „Verhältniszahl") gehört zu den elementaren mathematischen Funktionen.

... in der Mathematik

Das Formelzeichen für den Logarithmus ist log. Die Basis wird als Index angehängt. Seltener findet man auch davon abweichende Schreibweisen, wie zum Beispiel $_b\log a$, oder die Basis wird nicht mitnotiert, wenn sie aus dem Zusammenhang ersichtlich ist und keine Verwechslungsgefahr besteht. Man schreibt:

$$x = \log_b a$$

und sagt: „x ist der Logarithmus von a zur Basis b" oder auch „x ist der Logarithmus zur Basis b aus a". a heißt Numerus oder veraltet auch Logarithmand. Das Ergebnis des Logarithmierens gibt also an, mit welchem Exponenten x man die Basis b potenzieren muss, um den Logarithmanden (Numerus) a zu erhalten. Formal sind Logarithmen alle Lösungen der Gleichung

$$a = b^x$$

zu vorgegebenen Größen a und b. Je nach dem, über welchem Zahlenbereich und für welche Größen diese Gleichung betrachtet wird, hat sie keine, mehrere oder genau eine Lösung. Beispielsweise ist 3 der (reelle) Logarithmus von 8 zur Basis 2, geschrieben $\log_2 8 = 3$, denn es gilt $2^3 = 8$. Falls die obige Gleichung nach b aufzulösen ist anstatt nach x, so ist die Lösung gegeben durch die x-te Wurzel aus a. Folgende Arten und Schreibweisen des Logarithmus kommen vor:

$\log_b$ Logarithmus zur Basis b

ln logarithmus naturalis bzw. natürlicher Logarithmus, der Logarithmus zur Basis e, der Eulerschen Zahl 2,7182818284590452…

lg Dekadischer Logarithmus, auch bezeichnet als Zehnerlogarithmus oder Briggsscher Logarithmus ist der Logarithmus zur Basis 10. Er ist nützlich wegen des Zehnersystems

Was Kontrast ist und wie man ihn bestimmt

und wird von vielen Taschenrechnern verwendet.

ld logarithmus dualis, Logarithmus zur Basis 2, auch als Zweierlogarithmus oder dyadischer oder binärer Logarithmus bezeichnet (manchmal auch mit der Abkürzung); wird in der Informatik aufgrund des Binärsystems verwendet.

log Das Symbol log ohne eine angegebene Basis wird verwendet, wenn diese aus dem Zusammenhang ersichtlich oder aufgrund einer Konvention festgelegt ist. In technischen Anwendungen (so z. B. auf den meisten Taschenrechnern) steht log meist für den dekadischen Logarithmus, in der Informatik für den dyadischen Logarithmus. Mathematiker und Physiker verwenden log meist für den natürlichen Logarithmus. Gelegentlich wird log auch verwendet, wenn die verwendete Basis keine Rolle spielt.

... in der Photographie

In der Photographie treffen wir überall auf logarithmische Zusammenhänge. Die Blendenzahlen an den Objektiven, die Belichtungszeiten an den Kameras oder die Empfindlichkeitsangaben von Filmen bzw. elektronischen Bildträgern beruhen alle auf einem logarithmischen System. Die Veränderung um eine ganze Blendenstufe an einem Objektiv oder eine ganze Zeitstufe an der Kamera lässt die doppelte bzw. halbe Lichtmenge zur Photoschicht gelangen. Wird der DIN-Wert eines Films um 3 DIN, oder seine ASA-Zahl um den Faktor 2 verändert, hat auch dies eine Verdopplung bzw. eine Halbierung der wirksamen Lichtmenge zur Folge. Das hat damit zu tun, daß die logarithmische Ausdrucksweise einer fundamentalen Eigenschaft unserer visuellen Wahrnehmung, widerspiegelt (siehe „Die Mindestgröße der Helligkeitsunterschiede"). Diese besitzt, wie viele andere unserer Wahrnehmungen auch, keine lineare, sondern eine logarithmische Natur. Das ist überaus hilfreich, um mit beschränkter Empfindungsfähigkeit einen weiten Intensitätsbereich abzudecken. Das heißt wir empfinden einen Reiz im Vergleich zu einem anderen nur dann als stärker, wenn er sich von ihm um einen bestimmten Faktor unterscheidet. Funktionierte unser Wahrnehmungsapparat an vielen Stellen nicht logarithmisch, sondern linear, würden wir beispielsweise die Verdopplung der Intensität auch als doppelt so hell empfinden, so würden wir angesichts der Lichtfülle an einem sonnigen Tag wohl permanent geblendet werden.

Grundlagen – Der Logarithmus in der Photographie

Was das bedeutet, zeigt der Vergleich zwischen einer linearen- und einer logarithmischen Skala. An ihm wird die Bedeutung des Logarithmus wohl am deutlichsten.

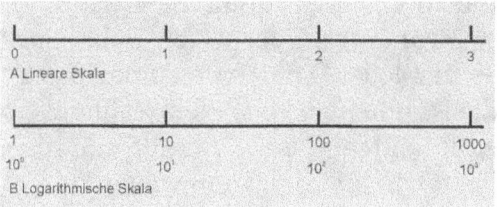

Abb. 5: Lineare- und logarithmische Skalen

Die obere Skala in Abb. 5 ist als arithmetische Reihe aufgebaut, d.h. jede Stufe ist von der nächsten gleich weit entfernt. Hier wird von einem Schritt zum nächsten immer eins addiert. Dies ist eine **lineare Abstufung**. Die untere Skala in Abb. 5 ist als geometrische Reihe aufgebaut, d.h. jeder Schritt ist vom nächsten um den gleichen Faktor entfernt. Hier unterscheiden sich die Markierungen um den multiplikativen Faktor zehn. Dies ist eine **logarithmische Abstufung**. Die zweite Stufe stellt also einen Wert dar, der zehnmal größer ist als die erste, die dritte ist wiederum zehnmal größer als die zweite und so fort. Diese Werte sind als Zehner-Potenzen angegeben und markieren zwischen 10^1 und 10^3 gleichmäßige Schritte in der Potenz. Der Logarithmus ist ein Mittel, um diese Werte auszudrücken. Der Logarithmus einer Zahl y, beschrieben als $\log_y$ definiert sich wie folgt:

$$\log_y = x \; bedeutet \; 10^x = y$$

Der Logarithmus der Markierungen in Abb. 5 B ist also log 10 = 1, denn 10^1 = 10, log 100 = 2, denn 10^2 = 100, usw. Damit entsprechen die Markierungen gleichmäßigen Schritten auf einer logarithmischen Skala. Praktisch werden solche Darstellungsweisen immer dann verwendet, wenn es gilt weite Abstufungen übersichtlich zu präsentieren.

Bei der Beschreibung photographischer Materialien haben wir es in der Regel mit Logarithmen zur Basis 10 zu tun. Die Umrechnung von $\log_{10}$ Einheiten in Belichtungsstufen geht so: Eine Belichtungsstufe bedeutet die Verdoppelung bzw. Halbierung der Lichtmenge und der Zehnerlogarithmus von 2 = 0,3 ($10^{0,3}$=2). Bei einem angenommenen Dynamikbereich von 3,3 $\log_{10}$ Einheiten ergibt sich also 3,3/0,3 = 11 Belichtungsstufen.

15

Was Kontrast ist und wie man ihn bestimmt

Grundlagen – Die Charakteristik-Kurve

Das geeignete Mittel zur Beurteilung des Kontrastverhaltens des visuellen Systems und der photographischen Bildträger ist die **Charakteristik-Kurve**. Im speziell photographischen Bereich wird sie auch als **Dichtekurve** oder, nach den Begründern der modernen Sensitometrie, **Hurter-Driffield-Kurve** (**HD-Kurve**) bezeichnet. Ferdinand Hurter und Vero Charles Driffield befassten sich in den 1870er Jahren als erste mit dem Verhalten lichtempfindlicher Materialien.

Die Charakteristik-Kurve gibt die Lichtmenge auf der x-Achse in logarithmischen Schritten mit der Basis 10 an, die daraus resultierende Dichte (die in sich logarithmische Werte sind, siehe unten) auf der y-Achse aber linear darstellt. Damit verzehnfacht sich die Lichtmenge von einem Zahlenwert zum anderen bzw. nimmt um den Faktor 10 ab, so daß ein weiter Helligkeitsbereich übersichtlich abgebildet werden kann, während das weniger große Spektrum der Reizantworten/Dichtewerte nicht auf ein zu schlecht zu differenzierendes Maß komprimiert wird.

Abb. 6 zeigt eine typische Charakteristik-Kurve. An der **x-Achse** finden wir die Eingabegröße. In der Photographie nutzt man als Eingabegröße der Lichtmenge in der Regel den Logarithmus der Belichtungszeit in Luxsekunden (Beleuchtungsstärke in Lux mal Belichtungszeit in Sekunden). Die direkten Werte erhält man, wenn man 10 mit diesen Zahlen potenziert. Die Zahl 0 bedeutet 10, denn 10^0 (=10*0) ist 10. Die Zahl 1 steht für 100 (10^1=100), 2 steht für 1000 (10^2=1000) usw. Für die durchaus auch vorkommenden negativen Exponenten ergibt sich: 10^{-1} = 1, 10-2 = 0,1, 10^{-3} = 0,01. Ein Schritt um 0,3 nach rechts bedeutet eine Verdop-

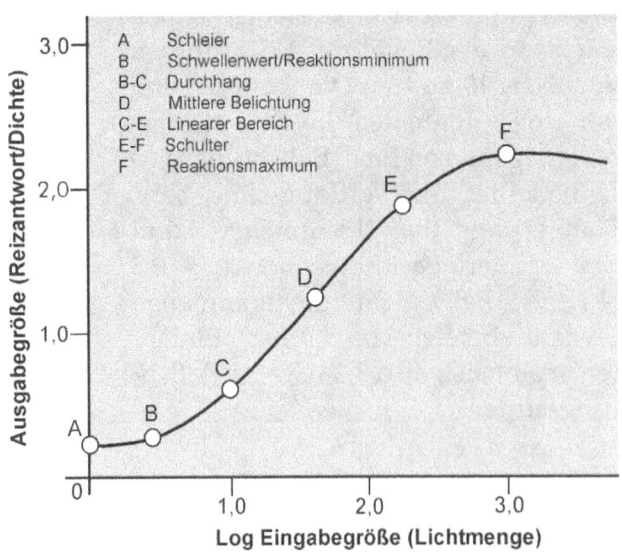

Abb. 6: Allgemeine Charakteristik-Kurve

pelung der Lichtmenge, denn $10^{0,3} = 2$. In Wahrnehmungsexperimenten steht der Logarithmus der Intensität entlang der x-Achse.

Die Zahlen auf der senkrechten **y-Achse** stellen die dem Eingabewert entsprechende Ausgabegröße dar. In der Photographie ist dies die Dichte des Bildträgers. Die Dichte ist ein Maß für die Lichtundurchlässigkeit des Films. Sie ist größer, wenn weniger Licht hindurch geht. Zu ihrer Bestimmung schickt man Licht durch das Negativ und misst die Lichtmenge bevor das Licht durch das Negativ geht und die Lichtmenge, die das Negativ passiert hat. Das Verhältnis der eingestrahlten Lichtmenge zur durchgelassenen Lichtmenge wird als Opazität bezeichnet. Lässt eine Negativstelle 1/100 des Lichts hindurch, ist die eingestrahlte Menge 100 mal so groß wie die durchgelassene Lichtmenge und die Opazität 100. Die Dichte ist der Zehnerlogarithmus der Opazität. Der Dichtewert 1 besagt der Film lässt 1/100 der Lichtmenge hindurch, denn die Opazität ist 100 und der Zehnerlogarithmus von 100 ist 2 (10^1=100). Der Wert „3" beschreibt ein ziemlich dunkles Negativstück, denn vom eingestrahlten Licht wird nur der zehntausendste Teil hindurchgelassen (10^3=10 000). In Bezug auf das visuelle System ist entlang der y-Achse das Maß der Rezeptorantwort als relative Reizantwort angegeben.

Der **Punkt A** repräsentiert die **Grunddichte**, welche durch den Entwickler entsteht, der selbst an nicht belichteten Filmstellen eine geringe Menge Silber erzeugt. Dort ist der Film dann ganz leicht geschwärzt und läßt nicht alles Licht durch.

Steigt die Belichtung weiter an, geschieht zunächst nichts, bis der Schwellenwert im Punkt B erreicht ist. Erst jetzt ist die Belichtung stark genug, damit in den Silberhalogenid-Körnern erste Belichtungskeime entstehen können. Der Wert des Punktes B dient auch zur Bestimmung der Filmempfindlichkeit. Je weiter links er auf der Skala liegt, umso empfindlicher ist das Material. Der Film reagiert nun immer besser, wenngleich auch unproportional, auf die weiter ansteigende Belichtung. Der daraus resultierende **Durchhang** wird auch als **Unterbelichtung** bezeichnet.

Nur zwischen den Punkten C und E beschreibt die Kurve eine annähernde Gerade und übersetzt eine konstante Erhöhung der Belichtung in eine proportionale Steigerung der Dichte. Deshalb nennen wir diese Strecke den **linearen Bereich**. Nur in diesem Teil werden die Helligkeitsdifferenzen des Motivs optimal in Dichtedifferenzen (Tonwerte) umgesetzt. Der **Streckenabschnitt C-E** wird deswegen auch

Was Kontrast ist und wie man ihn bestimmt

als **Bereich der richtigen Belichtung** bezeichnet. Hinter dem Punkt E flacht die Schwärzungskurve dann in wieder ab und gelangt in den Bereich der Überbelichtung, in dem normalerweise die Lichter einer Aufnahme zu liegen kommen.

Der **Punkt F** markiert das **Dichtemaximum**, nach dem eine weiter gesteigerte Belichtung den Film nicht mehr stärker schwärzt.

Der **Streckenabschnitt zwischen E und F** wird auch als **Schulter** bezeichnet.

Die Leuchtdichte L beschreibt das von einer Fläche ausgehende Licht. Dabei kann sowohl die Fläche selbst leuchten als auch Licht reflektieren. Die Leuchtdichte ist definiert als das Verhältnis der Lichtstärke und der auf die Ebene senkrecht zur Ausstrahlungsrichtung projizierten Fläche und wird in Candela pro Quadratmeter (cd/m²) angegeben.

Sowohl in der Schulter als auch im Durchhang werden unterschiedliche Motivhelligkeiten weniger verschieden als in Wirklichkeit wiedergegeben. Doppelt so helle Motivstellen in Schulter und Durchhang erscheinen auf dem entwickelten Bild weniger als doppelt so hell. Da das Bild eines Farbfilms nicht aus Silber, sondern aus Farbstoffen besteht, die noch dazu unterschiedlich auf eine Belichtung reagieren können, gibt es im Farbbereich streng genommen keine einzelne Dichtekurve, sondern drei **Farbdichtekurven**.

Grundlagen – Kontrastmaße

Der Gammawert

Der **Gammawert** γ ist das am längsten verwendete Maß zur Kontrastbeurteilung einer Charakteristikkurve. Er gibt den Steigungsgrad des linearen Kurventeils an und daran läßt sich ablesen, wie sehr die Unterschiede verstärkt werden. Der Gammawert ist ein gutes Maß für den entwicklungsabhängigen Negativkontrast, weil der lineare Kurventeil am empfindlichsten auf Entwicklungsänderungen reagiert. Mathematisch definiert sich der Gammawert als Winkelfunktion (Tangens) des Steigungswinkels zwischen dem linearen Kurventeil und der Horizontalen. Alternativ können wir den Gammawert als Verhältnis zwischen zwei Punkten des linearen Teils auf der

Grundlagen – Kontrastmaße
Der Gammawert

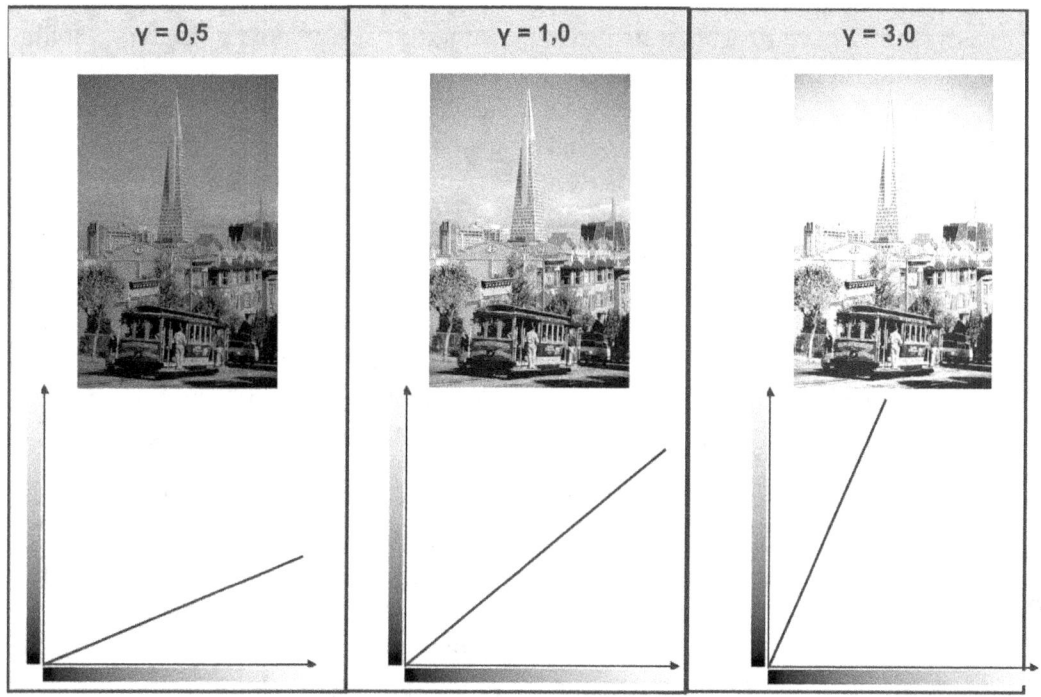

Abb. 7: Vergleich der Auswirkungen unterschiedlicher Gammawerte auf ein Bild

x- bzw. y-Achse bestimmen. Ermittelt wird er nach der Formel:

$$\gamma = \frac{\Delta D}{\Delta log H}$$

ΔD = Der Dichteunterschied zwischen zwei beliebigen Punkten auf dem linearen Teil der Charakteristik-Kurve

$\Delta log H$ = Der logarithmische Belichtungsunterschied zwischen den beiden gewählten Punkten

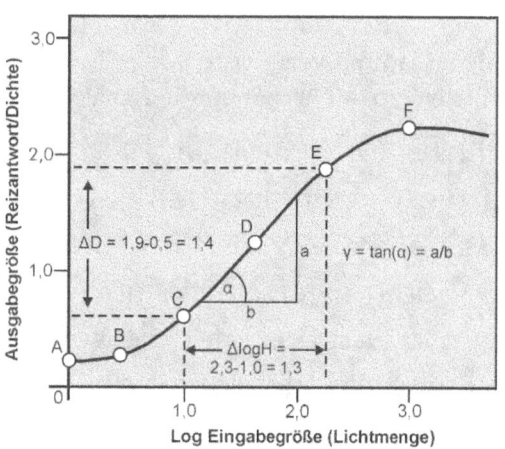

Abb. 8: Ermittlung des Gammawerts

Was Kontrast ist und wie man ihn bestimmt

In unserer Kurve in Abb. 8 liegt der Punkt C am unteren Ende des linearen Bereichs bei 0,5 auf der y-Achse, der Punkt C bei 1,9. Die Differenz beträgt hier 1,9-0,5 = 1,4. Auf der x-Achse ergeben sich dementsprechend 1,0 und 2,3. Die Differenz aus beiden Werten ist 2,3-1,0 = 1,3. Daraus ergibt sich nach der Formel:

$$Gamma = \frac{Abbildung\ E - Abbildung\ C}{Vorlage\ E - Vorlage\ C}$$

$$Gamma = \frac{1,4}{1,3}$$

$$Gamma = 1,08$$

Gamma 1,0 entspricht einer Steigung von 45° bei der die Helligkeiten der Vorlage 1:1 abgestuft wiedergegeben werden, eine Art „Nullstellung" also. Gammawerte von weniger als 1,0 führen zu einer flacheren Kurve und weniger stark ausgeprägten Helligkeitsunterschieden. Solche von mehr als 1,0 ergeben eine steilere Kurve mit großem Kontrast, der dafür aber einen geringeren Helligkeitsbereich abdeckt.

Der Beta-Wert

Der Beta-Wert gibt den **durchschnittlichen Steigungswinkel (SW$_d$)** einer gedachten Linie zwischen zwei beliebig wählbaren Punkten auf der Charakteristik-Kurve an. Dies ist nützlich, wenn die Kurve keinen oder mehr als einen linearen Teil aufweist und der Gammawert demzufolge nichts Verwertbares ergeben kann. Darüber hinaus ist der durchschnittliche Steigungswinkel aber auch praxisnäher als der Gammawert, denn da die zu seiner Bestimmung genutzten beiden Punkte auch im Durchhang bzw. der Schulter liegen können, führt er zu einem realistischen Kontrastmaß. – Schließlich nutzen wir bei der Belichtung auch nicht nur den linearen Kurventeil!

Man wählt also zwei beliebige Punkte A und B entlang der Charakteristik-Kurve, so wie in Abb. 9 dargestellt, verbindet sie mit einer Geraden und ermittelt den ihnen entsprechenden Dichteunterschied auf der senkrechten Achse bzw. den Belichtungsunterschied auf der Waagerechten. Beide Werte setzt man dann in eine der Gammawert-Berechnung ähnliche Formel ein. Da

Gammawert bzw. Gradation sind Ausdruck für die Verstärkung der Helligkeitsunterschiede des Motivs im Film: Je höher der Gammawert, je steiler die Gradation, umso ausgeprägter die Verstärkung und umso ausgeprägter der Unterschied zwischen den Helligkeitswerten im Bild und im Original.

Grundlagen – Kontrastmaße
Beta-Wert, Kontrast-Index

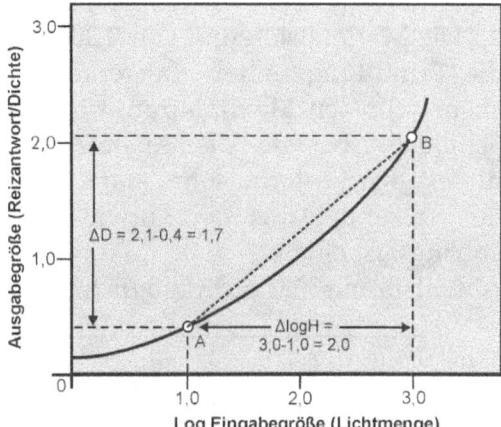

Abb. 9: Ermittlung des durchschnittlichen Steigungswinkels

Der Kontrast-Index

Der **Kontrast-Index** ist eine vom durchschnittlichen Steigungswinkel abgeleitete Methode der Kontrastbestimmung. Seine Weiterentwicklung besteht darin, daß die Kurvensteigung immer über den gesamten nützlichen Bereich angegeben wird. Dazu verwendet man ein Messgerät aus transparentem Kunststoff, das man über die Charakteristik-Kurve legt und so nach rechts oder links verschiebt, bis die Kurve den kleinen Bogen auf der linken Seite bei demselben Wert schneidet, wie den großen Bogen auf der rechten. Dieser Wert ist der Kontrast-Index. Da die Meßgeräte aber schwer zu bekommen sind, muss man sich regelmäßig einer Behelfsmethode bedienen: Wählen Sie zuerst einen Punkt im Kurvendurchhang, der 0,10 Dichtewerte über der Grunddichte liegt. Dann schlagen Sie mit dem Zirkel einen Bogen mit dem Radius 2 log Belichtungsstufen um diesen Punkt (auf der waagerechten Achse abgreifen). Den Punkt im Durchhang verbinden Sie mittels einer Geraden mit jener Stelle, an der der Kreisbogen die Charakteristik-Kurve schneidet. Der Tangens des Steigungswinkels dieser Linie ist eine gute Näherung des Kontrast-Index.

diese Methode der Kontrastbestimmung unterschiedliche Werte ergibt, jenachdem wie man die Punkte A und B wählt, sollten diese mit dem Wert angegeben werden.

$$Sw_d(A-B) = \frac{\Delta D}{\Delta log H}$$

Für das Beispiel aus der Abbildung ergibt sich so:

$$SW_d = \frac{1,7}{2,0} = 0,85$$

Der Steigungswinkel (SW_d) der gedachten Linie zwischen den Punkte A und B (die durchschnittliche Steigung der Charakteristik-Kurve) beträgt also 0,85.

Was Kontrast ist und wie man ihn bestimmt

Grundlagen – Der Dynamikbereich

Der **Dynamikbereich** gibt den logarithmischen Belichtungsbereich an, in dem der Bildträger die Belichtung in ausreichend getrennte Dichtewerte umsetzen kann. Seine Größe hängt davon ab, welche minimale Steigung der Charakteristik-Kurve man dazu voraussetzt. Denn mit zunehmender oder abnehmender Belichtung wandern die Tonwerte weiter in den Durchhang bzw. in die Schulter der Kurve und erreichen irgendwann einen Punkt, an dem diese nahezu flach verläuft und sich feine Details folgerichtig nicht mehr voneinander unterscheiden.

Die geringste notwendige Kurvensteigung finden wir im Durchhang am **Minimalpunkt**. Der Punkt wird standardmäßig dort verortet, wo die Kurvensteigung nicht weniger als 0,20 beträgt. Da diese Steigung nicht an einem Punkt bestimmt werden kann, bezieht sich der Wert von 0,20 praktisch auf eine Tangente, die die Kurve im Durchhang gerade berührt. Bei den meisten üblichen Filmen fällt dieser Tangentialpunkt auf einen Dichtewert von mindestens 0,10 über der Grunddichte.

Die Minimalsteigung von 0,20 und die Ermittlung mittels Tangente gilt ebenso für den **Maximalpunkt** in der Schulter. Aber da die Ausformung dieses Kurventeils sehr stark von der Art und Dauer der Entwicklung abhängt, ist eine generelle Aussage als Anhaltspunkt hier nicht möglich.

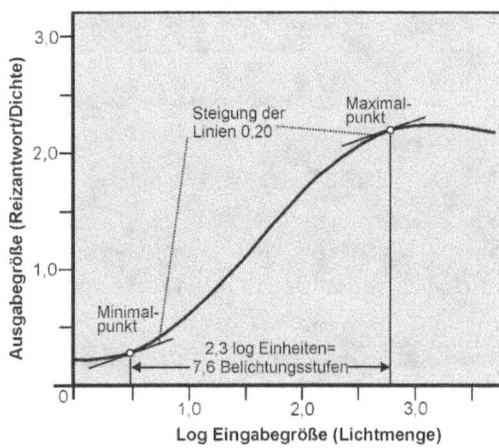

Abb. 10: Definition und Ermittlung des Dynamikbereichs

Zwischen Minimal- und Maximalpunkt spannt sich der Dynamikbereich entlang der waagerechten Belichtungsachse in Log_{10} Stufen (Berechnung in Belichtungsstufen = Division durch 0,3, denn der Logarithmus von 2 [die Verdoppelung der Lichtmenge, eine Belichtungsstufe Unterschied] ist gleich 0,3). So lange die Tonwerte des Motivs in diesem Bereich platziert

Grundlagen – Der Dynamikbereich

werden, wird das Bild ausreichende Detailzeichnung in allen Bereich aufweisen. Ist der Belichtungsumfang des Motivs dagegen größer als der Dynamikbereich des Bildträgers, so werden zwangsläufig entweder die Schatten oder die Lichter keine ausreichende Detailzeichnung mehr aufweisen.

2 Kontrastwahrnehmung

Inhalt

Warum Kontrast für unsere Visualität entscheidend ist
Der Dynamikbereich des visuellen Systems
    Der Antwortbereich der Fotorezeptoren
    Die Hell-/Dunkel-Adaptation
    Laterale Hemmung
    Dynamische Verstärkung
    Pupillengröße
Die Mindestgröße der Helligkeitsunterschiede
Die Anzahl der wahrnehmbaren Tonwert

Kontrastwahrnehmung

Warum Kontrast für unsere Visualität entscheidend ist

Das visuelle System konstruiert und organisiert unsere Welt und die Objekte darin anhand der Kanten und Grenzflächen zwischen den Dingen: Die Gegenstände einer Szene werden nicht vollständig erfasst, sondern anhand der wahrgenommenen Kanten einzeln konstruiert. Dies hat der erste Band dieser Reihe zur visuellen Bildenstehung ausführlich deutlich gemacht. Dieser Prozess ist aufwendig und in seinem genauen Ablauf unter den Wissenschaftlern noch umstritten.

Ohne die Registrierung der Objektgrenzen könnte keine visuelle Wahrnehmung entstehen. Dass das stimmt, ist praktisch bereits mit dem folgenden Versuch simuliert worden. Stellen Sie sich zum Beispiel ein rotes Quadrat vor in dessen Mitte sich ein kleineres, grünes Quadrat befindet. Wenn Sie die Grenze zwischen beiden Flächen künstlich auf ihrer Retina stabilisieren, verlieren Sie zunächst die Wahrnehmung des grünen Quadrats und es bleibt nur die rote Fläche des Hintergrunds übrig. Nach ungefähr einer Sekunde ohne jede Bewegung relativ zur Retina löst sich dann auch dieser Eindruck auf und sie sehen nichts mehr. Das ist der Fall, weil uns die Photorezeptoren nur Potentialunterschiede, nicht aber absolute Potentialniveaus melden, was ebenfalls der Effizienzsteigerung dient. Damit uns die Wahrnehmung nicht verloren geht, wenn der Blick längere Zeit auf einem Punkt verweilt, führen die Augen mehrmals pro Sekunde unbewußte und in der Richtung zufällige Bewegungen aus, sogenannte **Mikrosakkaden**.

Die Antwort darauf, warum unser visuelles System die Objekte anhand der Grenzflächen zwischen Bereichen unterschiedlicher Farbe und Helligkeit strukturiert und unterscheidet, ist einfach: Wirtschaftlichkeit, Effektivität und geringer Energieverbrauch. Es ist sehr sinnvoll, weil ökonomisch, daß das visuelle System die Objekte anhand der Unterbrechungen der Lichtmuster verarbeitet, denn so braucht es nur jene Bildteile zu codieren, an denen sich etwas verändert und nicht etwas das Bild als Ganzes. Kanten und Grenzflächen sind die einzig wichtigen Informationen, die der Apparat in unseren Köpfen braucht, um die Formen, die Gestalten der Dinge in unserer Umwelt zu konstruieren. Es ist unnötig, Helligkeit und Farbe an jedem einzelnen Punkt eines beispielsweise durchgehend roten Gegenstands zu definieren. Statt dessen reicht es völlig aus dies überall dort zu tun, wo sich etwas ändert. Und das ist eben an einer Kante oder Grenzfläche der Fall. Auf diese Weise reduziert sich die zu übertragende und zu verarbeitende Informationsmenge erheblich. Um wie viel genau, illustrieren die Abbildungen auf der linken Seite. Abb. 11 liegt im .tif Format vor und ist 4575 KB groß. Tif legt ähnlich wie das Photoshop-Format jedes einzelne Pixel im Hinblick auf seine Farbigkeit fest. Abb. 12 ist ins .jpeg Format gewandelt worden und nur noch 29 KB groß – 157 x kleiner also. Die Reduzierung rührt daher, daß .jpeg, genau wie das visuelle System, nur jene Pixel registriert, an denen sich etwas ändert. In der Datei steht nur die Position der Kante und die Farbe auf der Innen- bzw. Außenseite. Die Pixel dazwischen füllt das Bildverarbeitungsprogramm automatisch.

Diese Reduzierung der Informationsmenge ist für das Nervensystem im allgemeinen eminent wichtig, denn damit eine Nervenzelle feuert, ist Energie nötig und mit diesem Rohstoff muss der Körper so sparsam wie möglich umgehen. – Bedenken Sie, daß das Gehirn einen besonders hohen Sauerstoff- und Energiebedarf. Es macht nur etwa 2 % der Körpermasse aus, verbraucht aber etwa 20 % des Sauerstoffs und mehr als 25 % der Glukose. Je weniger Nervenzellen aktiv sind, umso besser ist es also für den Organismus.

Abb. 11: Graphik im .tif Format, 4575 KB

Um möglichst viele Kanten möglichst genau erfassen zu können, müssen Auge und Gehirn das Blickfeld so detailliert wie möglich rastern und die Grenzflächen dann isolieren. Das ist eine ziemlich ambitionierte Aufgabe und unser visuelles System bewältigt sie in mehreren Stufen. Zur präzisen Abtastung benutzt es eine große Anzahl Photorezeptoren. Ihr Abstand zueinander bestimmt neben ein paar anderen Faktoren über das **Auflösungs-**

Abb. 12: Graphik im .jpeg Format, 29 KB

Kontrastwahrnehmung

vermögen des Sehapparats. Um die Objektkanten in dem so produzierten Bild zuverlässig isolieren zu können, verfügt das visuelle System über die bemerkenswerte Fähigkeit, die aus der Belichtung der Photorezeptoren resultierenden Nervenimpulse (quasi seine visuellen Daten) wie ein Computer verarbeiten zu können. Dazu dient ihm ein bestimmter Typ Ganglienzellen, die physiologisch in Zentrum und Peripherie gegliedert sind. Beide sind so verschaltet, daß sie sich wechselseitig hemmen. Dieser Zellaufbau wird **Center/Surround Organisation** genannt und dient dazu, Unregelmäßigkeiten, eben Objektgrenzen, herauszufiltern. Je größer der Kontrast an einer Kante ist, umso größer ist das Ausgabepotential so einer Center/Surround Zelle. Band 1 und Band 2 dieser Reihe beleuchten die Funktion und den Stellenwert dieser Zellen in der Hierarchie des visuellen Systems ausführlich.

Angesichts dieser Zielsetzung ist es natürlich wichtig für uns, den Kontrast an einer Objektkante über einen möglichst weiten Helligkeitsbereich hinweg unterscheiden zu können. Wie groß das Kontrastvermögen des visuellen Systems ist und mit welchen Mitteln es den Dynamikbereich überbrückt, darum geht es in diesem Kapitel.

Der Dynamikbereich des visuellen Systems

Vom sternenlosen Nachthimmel mit einer Lichtstärke von $4*10^{-6}$ cd/m² (=0,000004 cd/m²) bis zur im Zenit stehenden Sonne, die eine Lichtstärke von $3,2*10^6$ cd/m² (= 320 000 000 cd/m²) besitzt, ergibt sich der gewaltige Wert von 12 $\log_{10}$ Einheiten, in dem unser visuelles System arbeitet. Eine $\log_{10}$ Einheit umfasst rund 3 Belichtungsstufen, also sind dies gute 36 Belichtungsstufen.

Die Lichtstärkenangaben sind etwas abstrakt, was? Um es nachvollziehbarer zu machen: Der Vollmond erzeugt auf einem Stück Papier beispielsweise eine Leuchtdichte von 0,0001 cd/m². Die Grenze zum normalen Farbensehen liegt bei einer Leuchtdichte von circa 0,01 cd/m². Bequem lesen können wir in der Regel ab einer Leuchtdichte von 1 cd/m² und ein unbedeckter Tageshimmel erzeugt eine Leuchtdichte von ungefähr 1 000 000 cd/m². Diese Werte sind der pure Wahnsinn, wenn wir an unsere analogen und digitalen Aufnahmematerialien denken. Umkehrfilm kann in der Projektion einen im Gegensatz dazu bescheidenen Kontrastumfang von 1:64 oder sechs Belichtungsstufen wiedergeben, Negativmaterial beherrscht gute zehn Stufen und die digitale Technik hat nun gute 12 Belichtungsstufen erreicht. Es ist also kein Wunder, daß wir so oft von unseren Bildergebnissen enttäuscht sind und einen zu hellen Himmel mit dem Grauverlauffilter zurückhalten müssen, um die Details des schon im Schatten liegenden Vordergrundes zu erhalten.

Das visuelle System erreicht dieses große Maß durch die Kombination mehrerer unterschiedlicher Faktoren. Die Signalisierung eines bestimmten Kontrastumfangs durch die Photorezeptoren ist einer davon. Die Fähigkeit des visuellen Systems seine Empfindlichkeit auf unterschiedlichen Ebenen anzupassen ein Anderer.

Der Antwortbereich der Photorezeptoren

Auf der untersten Ebene sind die Photorezeptoren für die Wahrnehmung der Helligkeiten und Helligkeitsunterschiede verantwortlich. Um ihre Reaktion auf einen Helligkeitsreiz darzustellen, nutzen wir die Charakteristik-Kurve. Sie stellt den auf der x-Achse in $\log_{10}$ Einheiten abgetragenen Reizhelligkeiten die linearen Rezeptorantworten auf der y-Achse gegenüber. Letztere geben den

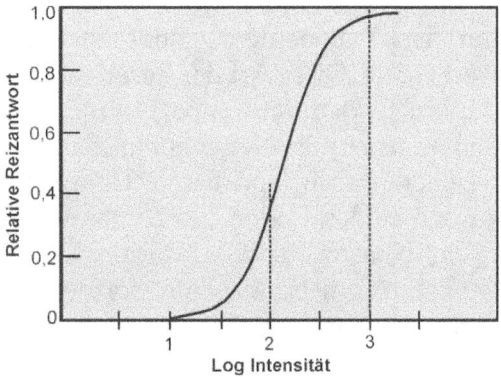

Abb. 13: Charakteristik-Kurve der Zapfenrezeptoren

Anteil zwischen minimalem- und maximalem Ansprechwert an. Um eine Charakteristik-Kurve für die Photorezeptoren zu erstellen, bediente sich die Wissenschaft des Tierversuchs. *In vivo*, also an einer intakten Retina, ermittelt, ergibt sich eine Kurve wie in Abb. 14.

An ihr fällt zuerst die S-Form auf, die sie mathematisch als **Sigmoidfunktion** ausweist und die uns Photographen von den Tonwertkurven unserer Bildträger her sehr vertraut ist. Hier geht sie auf die nichtlineare synaptische Übertragung zurück: Die Ausschüttung des Transmitters an der Synapse (der Kontaktstellen zwischen den Nervenzellen und anderen Zellen) folgt der Depolarisation des Rezeptors (quasi dem vorsynaptischen Potential) in exponentieller Weise. Ein Depolarisationswert von beispielsweise 1,50 mV produziert auf der anderen Seite der Synapse einen

Kontrastwahrnehmung

um den Exponenten e höheren Leitwert ($1{,}50^e$). Diese Art der Verarbeitung minimiert den Rauschpegel und hat den angenehmen Nebeneffekt, daß ein weicher, kaum spürbarer Übergang zu den beiden Enden des Dynamikbereichs einsetzt. Beides, weicher Übergang, um Tonwertabrisse zu vermeiden und Rauschminderung werden uns sowohl im analogen als auch im digitalen Kontrastverhalten wiederbegegnen. Weiter ist an der Kurve abzulesen, daß die Rezeptoren Helligkeiten im Bereich von $3 \log_{10}$ Einheiten retinaler Beleuchtungsstärke (Troland) verarbeiten, was einem Kontrastverhältnis von 1000:1 entspricht (= 8,5 Belichtungsstufen) und daß die Helligkeitsunterschiede in einem Bereich von $1 \log_{10}$ Einheit (entspricht einem Kontrastverhältnis von 10:1 oder 3,3 Belichtungsstufen [Log 2 = 0,3, 10/0,3 = 3,3]) linear umgesetzt und über bzw. unter diesem Bereich komprimiert werden. In diesem linearen Bereich ist die Unterscheidungsfähigkeit am besten ausgeprägt. Die hohe Steigung der Kurve (ihr Gammawert) in diesem linearen Bereich sagt, daß der Kontrast erhöht wird. Die wahrgenommenen Helligkeitsunterschiede sind also größer als die tatsächlichen Intensitätsunterschiede.

Diese Zahlen spiegeln die perfekte Anpassung des visuellen Systems an unsere Lebensumgebung wider, denn die meisten voll beleuchteten Objektoberflächen (mit Ausnahme von Glanzlichtern, Reflexionen oder den Lichtquellen selbst) besitzen ein Kontrastverhältnis von nur 20:1 bis 80:1. Schattenpartien können die Oberflächenhelligkeiten um rund $1 \log_{10}$ Einheit reduzieren und setzen die Anforderung so auf 200:1 hoch.

Die Hell-/Dunkel-Adaptation

Aber unsere Augen verfügen über nicht nur eine Art Photorezeptoren, sondern zwei und einer ihrer spannendsten Eigenschaften ist die unterschiedlichen Empfindlichkeiten. In der Analogie zur Photographie weist die Retina zwei Filmarten auf: einem empfindlichen SW-Film (die Stäbchenrezeptoren) und einem weniger empfindlichen Farbfilm (die Zapfenrezeptoren). Die unterschiedlichen Empfindlichkeiten haben beide dem ihnen jeweils innewohnenden Pigment zu verdanken. Das Rhodopsin in den Stäbchen zerfällt schon bei geringen Lichtstärken, das Iodopsin der Zapfen braucht dazu mehr Energie. Aus diesem Grund sind die Stäbchenzellen vor allem bei geringer Beleuchtungsstärke aktiv. Am Abend und in der Nacht zum Beispiel. Die Zapfenzellen arbeiten dagegen fast nur am Tag und ermöglichen uns das Sehen bei hellem Licht.

Der Dynamikbereich des visuellen Systems
Die Hell-/Dunkel-Adaptation

Die Empfindlichkeitsanpassung des Stäbchen- und Zapfenapparats an veränderte Helligkeiten nennen wir Hell- bzw. Dunkel-Adaptation. Beide sind der Rhodopsin-Regeneration und damit verbundenen chemischen Prozessen zu verdanken. Innerhalb der Adaptation können wir drei Hauptzustände unterscheiden:

Das **skotopische Sehen** (Nachtsehen), für das bei Leuchtdichten zwischen $3*10^{-6}$ cd/m² und $3*10^{-2}$ cd/m² (=0,000003 bis 0,03 cd/m²) die Stäbchenrezeptoren zuständig sind (4 $\log_{10}$ Einheiten)

Das den Übergang zwischen den beiden Hauptadaptationsstufen markierende **mesopische Sehen** (Dämmerungssehen) bei Leuchtdichten zwischen $3*10^{-2}$ cd/m² bzw. $3*10^{0}$ cd/m² bis $3*10^{1}$ cd/m² (=0,03 bzw. 3 cd/m² bis 30 cd/m²), bei dem sowohl Zapfen als auch Stäbchen aktiv sind (je 1 $\log_{10}$ Einheit für Stäbchen und Zapfen)

Das **photopische Sehen** (Tagessehen), das die Zapfenrezeptoren bei Leuchtdichten zwischen $3*10^{0}/3*10^{1}$ und $3*10^{6}$ cd/m² (= 3/30 cd/m² bis 3 000 000 cd/m²) leisten (6 $\log_{10}$ Einheiten). Die angegebenen Grenzen sind fließend und individuell verschieden.

Mit dem Übergang vom photopischen Stäbchensehen zum skotopischen Zapfensehen stellen wir also einen großen Adaptationssprung fest, durch die Empfindlichkeitsanpassung der Rezeptoren innerhalb dieser beiden Stufen viele zusätzliche kleine. Den ersten Fall können wir uns etwa wie folgt vorstellen: Nehmen wir an, Sie begeben sich aus der strahlenden Helligkeit eines Sommertags in Ihren dunklen Keller. Vielleicht wollen Sie Ihr Fahrrad holen, um ins Freibad zu fahren. Im ersten Moment ist es zu dunkel, als das Sie irgendwas erkennen könnten und Sie stoßen sich wahrscheinlich an einem herumstehenden Möbelstück. Nach und nach aber findet die Empfindlichkeitsanpassung an die veränderte Allgemeinhelligkeit statt und Sie sehen zuerst Einzelheiten, später dann immer mehr allerdings farblose Details in der dunklen Umgebung. Ein eigentlich schwacher Lichtreiz, wie der rot glimmende Not-

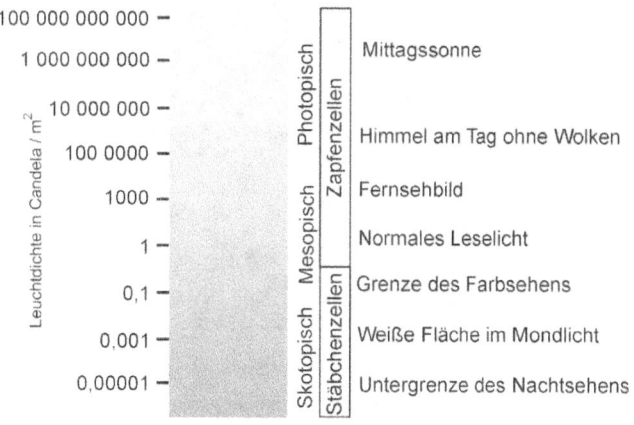

Abb. 14: Vergleich verschiedener Leuchtdichtewerte

Kontrastwahrnehmung

Aus-Schalter neben der Tür zum Heizungskeller, wird Ihnen während dieser Adaptationsphase nach und nach immer heller erscheinen.

Auf der Ebene der Rezeptoren geschieht dabei folgendes: Im allerersten Moment der Dunkelheit sehen Sie gar nichts, weil die zuvor wirkende Belichtung die Empfindlichkeit von Stäbchen und Zapfen weit herabgesetzt hat. Nach dieser „Schrecksekunde" nutzen beide Rezeptorarten die Gunst der Stunde, um ihr Pigment zu regenerieren. Bei den Zapfen geht dies am schnellsten und ihre leicht gesteigerte Empfindlichkeit bringt die zunächst schemenhaften Umrisse hervor. Nach fünf bis zehn Minuten, wenn die Zapfen ihre Empfindlichkeit nicht weiter erhöhen können, haben sich die Stäbchen so weit regeneriert, daß sie beginnen ihren Teil beizusteuern. In dem Maß, in dem sie adaptieren, wird unsere Wahrnehmung nun von ihren Eigenschaften bestimmt, so daß wir mit der Zeit immer mehr Einzelheiten erkennen können, diese aber nahezu farblos bleiben.

Begeben Sie sich nach einiger Zeit wieder nach draußen, wird Sie die große Helligkeit zunächst für einen Moment blenden. In dieser kurzen Zeitspanne wird der Großteil des Rhodopsin-Vorrats der Stäbchen gebleicht und kann, solange die photopischen Bedingungen andauern, nur unvollständig regeneriert werden. Sie sind quasi gesättigt und ohne Pigment, das zerfallen kann, und so geben die Rezeptoren natürlich auch kein Signal ab. Doch nun ist wieder genug Licht vorhanden, um die Zapfen in Aktion zu setzen, die uns mit den für die Wahrnehmung von Farben nötigen Informationen versorgen.

Der zweite Fall, die Adaptation innerhalb einer der beiden Hauptzustände, findet statt, wenn die Umgebungshelligkeit nicht ins völlige Gegenteil umschlägt, trotzdem aber spürbar wechselt. Dies ist beispiels-

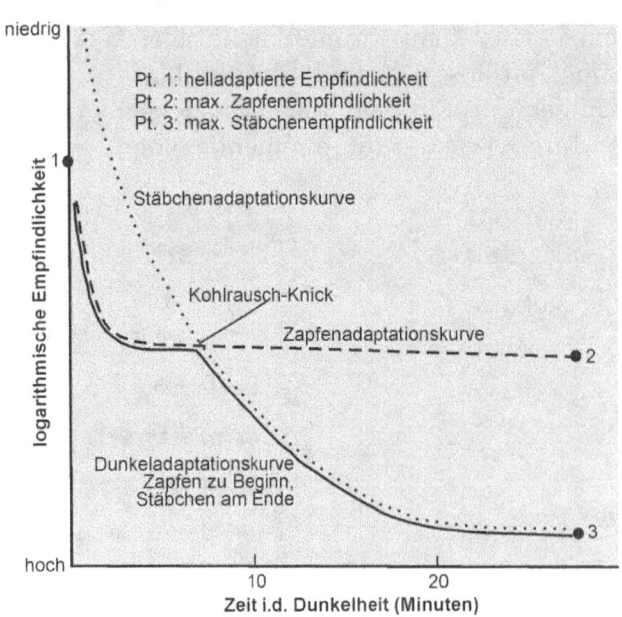

Abb. 15: Adaptationszustände

Der Dynamikbereich des visuellen Systems
Die Hell-/Dunkel-Adaptation

se der Fall, wenn wir aus dem hellen Tageslicht in den Schattenbereich eines großen Baums treten. Proportional zur Helligkeitsänderung kann nun Pigment regeneriert werden, so daß die Lichtempfindlichkeit der Rezeptoren ansteigt.

Um die Empfindlichkeit der Rezeptoren innerhalb der Adaptationszustände anzugeben, können wir die Helligkeit eines gerade wahrnehmbaren Lichtreizes vermessen und als Kurve über der Zeitachse einzeichnen. Das daraus resultierende Diagramm wird als **Adaptationskurve** bezeichnet (Abb. 15). Seine vertikale Achse gibt die Helligkeit des Lichtreizes an. Da die Spanne unserer Empfindlichkeit sehr groß ist, benutzen wir hier eine logarithmische Skala. Werte am oberen Ende stehen für große Reiz-Helligkeiten und bedeuten, daß unsere Empfindlichkeit gering ist. Solche am unteren Ende repräsentieren geringe Helligkeiten, aber umgekehrt große Empfindlichkeit. Die horizontale Achse gibt die Zeit in der Dunkelheit in Minuten an. Von links nach rechts gelesen sagt uns die Abbildung, daß, wenn wir uns just vom Hellen ins Dunkle begeben haben, ein starker Helligkeitsreiz nötig ist, um wahrgenommen zu werden. Während der folgenden Minuten steigern die Rezeptoren ihre Empfindlichkeit und

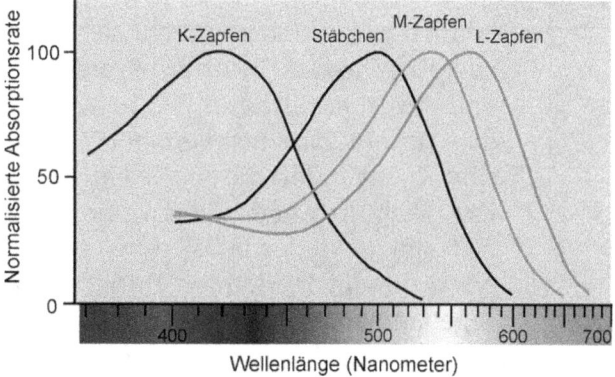

Abb. 16: Normalisierte Absorptions-Spektren der Stäbchen- und Zapfenzellen (1).

die Helligkeitsschwelle zur Wahrnehmung sinkt zunächst sehr schnell und dann langsamer. In dieser Phase, während der ersten fünf bis zehn Minuten,

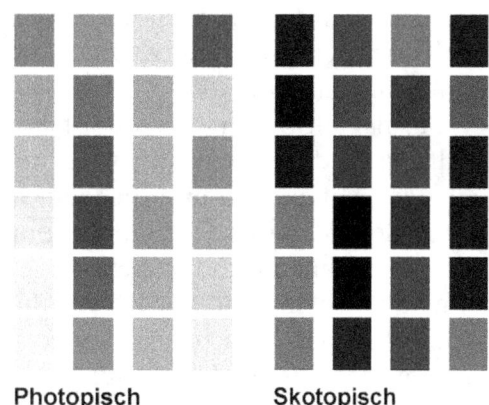

Abb. 17: Purkinje-Shift. Die Abbildung simuliert den Wechsel der wahrgenommenen Farbigkeit zwischen dem mesopischen Sehen links und dem skotopischen Sehen rechts.

Kontrastwahrnehmung

können wir durchaus noch die Farbe des aufgefassten Lichtreizes angeben und das ist ein sicheres Zeichen dafür, daß unsere Zapfenzellen noch aktiv sind. Dann ändert die Kurve ein wenig ihre Richtung und die Empfindlichkeit steigt wiederum sprunghaft an. Nach diesem markanten Punkt (dem sogenannten **Kohlrausch-Knick**) sind zwar nur noch schwächere Lichtreize nötig, um wahrgenommen zu werden, aber wir können deren Farbe nicht mehr auffassen, denn jetzt hat das System auf die Stäbchen umgeschaltet. Die Kurve fällt dann immer weiter ab bis sie nach rund 30 Minuten den Boden erreicht hat und nur noch gerade verläuft. Nach dieser langen Zeit in der Dunkelheit sind wir fähig einen so schwachen Lichtreiz zu entdecken, wie er einer einzelnen Kerze aus 16 km Entfernung entspricht!

Das flexible System der Adaptation stellt sicher, daß unsere Augen immer mit der richtigen Empfindlichkeit arbeiten, so wie wir in der Photographie auch die Filmempfindlichkeit an die Umgebungshelligkeit anpassen. Und genau wie dort tauschen wir auch in unserer visuellen Wahrnehmung Auflösung und Detailschärfe gegen Empfindlichkeit, denn wie der vorangegangene Abschnitt gezeigt hat, besitzt der Ort des schärfsten Sehens (die Fovea centralis) keine Stäbchenrezeptoren und darüber hinaus nimmt ihre Dichte zu den Rändern der Retina hin ab. Zudem lässt das visuelle System beim skotopischen Sehen die Farbe „hinten 'runter fallen". Dieses Opfer müssen wir in der Aufnahmetechnik heute nicht mehr so wie früher bringen, als die höchstempfindlichsten Filme immer schwarzweiß waren.

Aber der Wechsel vom skotopischen zum photopischen Sehen (von den Stäbchen zu den Zapfen) hat noch eine andere Konsequenz als die reine Absenkung oder Anhebung der generellen Empfindlichkeit und wir haben sie oben bereits ansatzweise erwähnt. Abb. 16 zeigt, daß beide, Stäbchen und Zapfen, für verschiedene Wellenlängenbereiche des Spektrums unterschiedlich empfindlich sind. Die Stäbchen reagieren am besten auf den kurzwelligen blauen Bereich, die Zapfen dagegen auf den eher langwelligen roten. Sehen wir also unter photopischen Bedingungen mit den Zapfen, wird uns ein rotes Objekt heller erscheinen als ein objektiv gleich helles blaues. Unter skotopischen Bedingungen verhält sich dies genau umgekehrt. Diesen Wechsel in der wahrgenommenen Helligkeit unterschiedlicher Farben wird nach seinem Entdecker **Purkinje-Phänomen** genannt (Abb. 17 auf S. 33).

Die laterale Hemmung

Ein Anpassungsmechanismus, der wiederum auf der Ebene der einzelnen Rezeptoren wirkt, ist die **laterale** (seitliche) **Hemmung**. Ohne sie wäre der weite Dynamikbereich der Photorezeptoren nicht darstellbar. Abb. 18 illustriert die Funktionsweise. Alle Photorezeptoren sind über die Amakrin- und Horizontalzellen der Retina rückgekoppelt und so in der Lage, sich gegenseitig in ihren Ausgabepotentialen zu beeinflussen. Wenn jeder Rezeptor durch seinen Nachbarn gehemmt wird, nimmt sein Ausgabepotential einen Wert an, der dem Logarithmus seiner eigenen Beleuchtungsintensität minus dem hemmenden Effekt entspricht. Weist die Hemmung einen Wert > 0 auf wird das Ausgabepotential geringer sein als es aufgrund der Beleuchtungsintensität eigentlich sein müsste und es ist mehr Licht erforderlich, um diese Reizgröße zu erreichen. Als Resultat erhalten wir einen größeren Abstand zwischen der geringsten und der größten Helligkeitsintensität, die der Rezeptor verarbeiten kann, und damit einen größeren Dynamikbereich. Diese Art der Verschaltung spielt eine eminent wichtige Rolle in der Funktion unseres visuellen Systems. Sie ist mit unterschiedlichen Verrechnungsweisen in verschiedenen digitalen Bildträgern implementiert worden und hat zu echten Steigerungen des Dynamikumfangs geführt (2).

Übertragen auf die gesamte Netzhaut bedeutet dies, daß die Rezeptoren bei lokal unterschiedlichen Helligkeiten auch auf **lokal unterschiedliche Adaptationsniveaus** gehoben oder

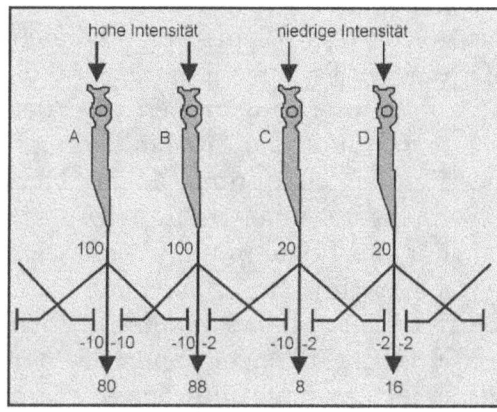

Abb. 18: Laterale Hemmung
Zapfenrezeptoren erregen primär die mit ihnen verbundene Horizontalzelle. Zugleich sind sie aber auch überkreuz mit der Horizontalzelle des jeweils anderen Rezeptors verbunden und üben dort eine hemmende Wirkung aus. Nimmt nun die globale Beleuchtungsstärke und damit die primäre Erregung zu, so vergrößert sich auch die hemmende Wirkung und der Wechsel der Beleuchtung wird nahezu ignoriert. Erhält dagegen nur einer der Rezeptoren mehr Licht, so verstärkt sich sein erregendes Signal einseitig, die hemmende Wirkung des zweiten Rezeptors bleibt unverändert.

Kontrastwahrnehmung

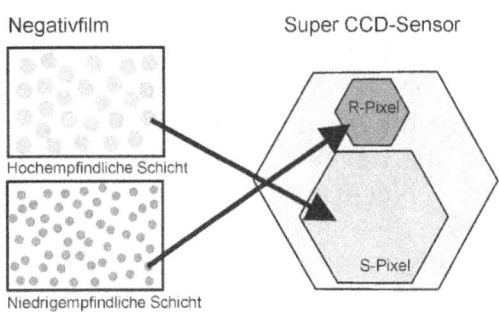

Abb. 19: 4. Farbschicht und Fuji Super CCD

gesenkt werden. Demzufolge können wir eine große Anzahl einzelner Adaptationsstufen ausmachen, die dafür sorgen, daß der Dynamikbereich der Retina stets optimal an die Helligkeitsmuster einer Szene angepasst ist. Für die Photographie hieße dies wir hätten für die Schatten und die Lichter eines Motivs unterschiedlich empfindliche Bereiche innerhalb des zu belichtenden Bildträgers. Und wirklich gibt es unter anderem von *Fuji* Farbnegativfilme, die einen Mix aus hoch- und niedrigempfindlichen Silberhalogenid-Kristallen in ihren Schichten vereinen und damit für einen gesteigerten Dynamikumfang und verbesserte Zeichnung in den Schatten sorgen. Diese Idee hat *Fuji* auch auf die Digitaltechnik übertragen und seine *Super-CCD SR Sensoren* mit zwei ebenfalls unterschiedlich empfindlichen Photodioden innerhalb eines Pixels ausgestattet (Abb. 19). Weitere technische Umsetzungen dieses Zusammenhangs finden sich in (3) und (4).

Dynamische Verstärkung

Ein weiterer mitspielender Mechanismus ist noch spekulativ. Er geht davon aus, daß die **Verstärkung der Ausgabegrößen jedes einzelnen Rezeptors in Abhängigkeit der Beleuchtungsintensität** direkt an der in Folge des Pigmentzerfalls einsetzenden Enyzmkaskade geregelt werden kann. In nicht zu den Säugetieren zählenden Wirbeltierarten, wie den Schildkröten, ist ein solcher auf Kalzium basierender Vorgang zumindest im äußeren Segment der Stäbchenrezeptoren nachgewiesen worden (5). Für uns Menschen bleibt dies zwar noch Spekulation, aber in der digitalen Aufnahmetechnik ist etwas ähnliches schon realisiert. Forscher vom *Fraunhofer-Institut für Mikroelektronische Schaltungen und Systeme* haben 1999 einen Sensorchip und ein digitales Kamerasystem entwickelt, die auch bei großen Helligkeitsdifferenzen gute Bilder liefern. Prinzip des Systems: Jedes Pixel wird zunächst mit bis zu vier verschiedenen Belichtungszeiten ausgelesen, aus denen dann die jeweils günstigste gewählt wird. Im zweiten Schritt folgt die je nach Signalwert unterschiedliche Verstärkung der Bildsignale bereits auf dem Chip. Niedrige Pegel, etwa die Schattenbereiche einer Aufnahme, werden angehoben, die aus der Lichterzone stammenden hohen Pegel bleiben dagegen unverändert. Im Zusammenhang sorgen beide Methoden dafür, daß eine Übersteuerung der Pixel bei zu großer Helligkeit weitgehend vermieden wird. Nach dem Auslesen der Bildsignale werden den digitalen Werten die vom Chip ausgewählte Verstärkung sowie die entsprechende Belichtungszeit hinzugefügt. Aus diesen Informationen ermittelt eine spezielle Software dann für jeden Pixel den richtigen Helligkeitswert. Das Komplettsystem gestattet die Darstellung von 1 Million unterschiedlichen Helligkeitswerten.

Pupillengröße

Schließlich muss noch die **Adaptation der Pupille** erwähnt werden. Die an beiden Augen parallel ablaufende Veränderung ihrer Größe dient bei Leuchtdichten zwischen 10^2 und 10^3 cd/m^2 zur Regelung des Lichteintritts in das Auge. Allerdings kann sie die auf die Retina fallende Beleuchtungsstärke nur im Verhältnis 1:16 regulieren. Durch den Lichteinfall kontrahiert sich schlagartig die Irismuskulatur und läßt somit weniger Licht auf die Retina, um Blendung zu vermeiden. Bei Abdunklung erfolgt umgekehrt die Erweiterung der Pupille. Die Steuerung des Pupillenreflexes läuft unbewußt ab. Fällt sie aus, ist das ein deutlicher Hinweis auf einen ernsten Hirnschaden oder den Tod.

Betrachten wir also bei Tageslicht eine vor uns liegende Landschaft, die sowohl dunkle Schattenpartien als auch einen hellen Himmel mit Wolken beinhaltet, so fassen wir sie nicht „mit einen Blick" auf, sondern tasten sie durch die unwillkürlichen sakkadischen Augenbewegungen quasi ab. Wir blicken nacheinander in die Schatten, in die Mitten und in die Lichter und damit hat das visuelle System die Chance, seine Empfindlichkeit an die jeweilige durchschnittliche Helligkeit anzupassen. Mit dem Blick in den Himmel schliesst sich die Pupille und die laterale Hemmung wirkt stark. Schauen wir in die Schatten, so öffnet das Sehloch und die Hemmung fällt auf vielleicht 0. Mit jedem einzelnen Blick steht uns ein Maximalkontrast von 1000:1 zur Verfügung der sich durch die Kombination der Empfindlichkeitsanpassungen auf beispielsweise 1000000:1 erweitert. Denn das Gehirn baut den Gesamteindruck ja aus den Einzelbildern zusammen, ohne das wir davon groß etwas merken. Bewusst nehmen wir „ein Bild" wahr das von vorn bis hinten scharf ist und Zeichnung in den Lichtern und den Schatten besitzt. Ein bißchen

Kontrastwahrnehmung

können wir uns das vorstellen, als ob wir bei einer Digitalkamera die Art der Belichtungsmessung auf mittenbetont stellen und die unterschiedlich hellen Bereiche eines kontrastreichen Motivs „abtasten". Auf dem kleinen LCD-Schirm wäre dann ein je nach Blickrichtung helleres oder dunkleres Bild zu sehen.

Die Mindestgröße der Helligkeitsunterschiede

Nachdem wir nun wissen, welche Helligkeitsunterschiede das visuelle System verarbeiten kann, fehlt noch das Maß des notwendigen Unterschieds, damit überhaupt von Kontrast die Rede sein kann. Dieser ist experimentell ermittelt worden. Den Probanden wurde ein Umgebungsfeld mit der Helligkeit L_u gezeigt, das den Großteil ihres Sichtbereiches füllte, um ihren Adaptationszustand zu fixieren. Mittig darin befanden sich zwei aneinandergrenze Bereiche, deren Helligkeiten sich leicht voneinander unterschieden (L und $L+\Delta L$). Präsentiert wurden dann viele Kombinationen zwischen L_u, L und ΔL, wobei die Probanden angeben mussten, ob sie ΔL von L unterscheiden konnten. In einem Koordinatensystem abgetragen, ergab sich daraus die Kurve in Abb. 20. An der Y-Achse sehen wir den Logarithmus des Verhältnisses aus ΔL zu L, an der X-Achse den Logarithmus der Umgebungshelligkeit L_u. Ihr können wir entnehmen, daß die Kontrastunterscheidungsfähigkeit im Bereich zwischen 0 und +2,5 log Millilambert (die Einheit Lambert – la – ist ein Maß für die Leuchtdichte und 1 la entspricht ungefähr der Helligkeit eines mittleren Grautons an einem sonnigen leicht bedeckten Tag) beinahe konstant 1 % beträgt. In diesem 2,5 Dekaden umfassenden Bereich muss ΔL also 1 % größer sein als L und das bedeutet, daß unsere Unterscheidungsfähigkeit für zwei annähernd gleichhelle Bereich nahezu logarithmisch ist. Der 1 % Wert gilt für ideale Beleuchtungs- und Sichtbedingungen, wie sie bestenfalls im Labor herrschen. Unter praxisnahen durchschnittlichen Bedingungen dür-

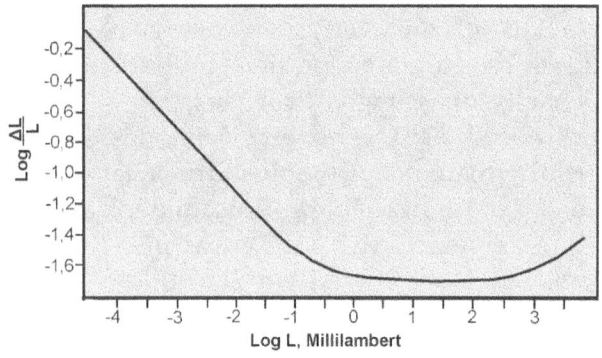

Abb. 20: Minimalkontrast-Kurve (6)

Die Mindestgröße der Helligkeitsunterschiede

fen wir eine Unterschiedsschwelle von rund 2 % annehmen.

Bei Intensitäten unter diesem mittleren Bereich sinkt unsere Unterscheidungsfähigkeit kontinuierlich ab und ist bei -4 log Millilambert um den Faktor 8 geringer als der Spitzenwert. Größere Intensitäten verzeichnen ebenfalls einen allerdings nur leichten Abfall.

Unsere Unterscheidungsfähigkeit ist gering bei geringer Helligkeit, groß bei mittlerer Helligkeit und wiederum etwas geringer bei großer Helligkeit. Daraus können wir folgende Schlußfolgerungen ziehen: 1) In dunklen Bereichen können wir kleinere absolute Helligkeitsunterschiede wahrnehmen als in Hellen. Denn wir können wohl den Unterschied zwischen 10 und 11 cd/m² erkennen, nicht aber den zwischen 400 und 401 cd/m². 2) Da die wahrgenommene Helligkeit grob dem Logarithmus der Intensität entspricht, müssen sich die Tonwerte einer Skala um einen konstanten Faktor unterscheiden, damit sie gleichmäßig erscheinen, z.B. 50, 100, 200, 400 cd/m² bzw. so, wie in Skala B in Abb. 21. Eine Skala, deren Tonwerte durch jeweils gleichen Abstand voneinander getrennt sind, z.B. 50, 100, 150, 200, 250 cd/m², erscheint dem menschlichen Auge nicht gleichmäßig, denn die Helligkeitsdifferenzen werden kleiner und kleiner (Abb. 21 B).

Auf der Seite der überschwelligen Reize (der Größenschätzung der Helligkeit) ergibt sich daraus die Erkenntnis, daß wir die Intensität nahezu verneunfachen müssen, um eine Verdoppelung der wahrgenommenen Helligkeit zu erzielen und die Helligkeit als Empfindungsgröße grob der Kubikwurzel der Lichtintensität entspricht. In einem Koordinatensystem mit linearer Skalenteilung ergibt sich die Kurve in Abb. 22, in einem mit logarithmischen Skalen jene in Abb.

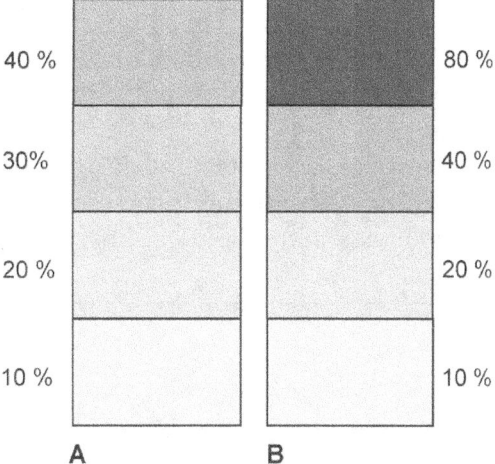

Abb. 21: Lineare- und logarithmische Intensitätszunahme

Skala A zeigt die Abnahme der Intensität in jeweils gleichgroßen Schritten (1,2,3,4). Dies entspricht einer linearen Skala. Skala B zeigt die Abnahme der Intensität in Schritten um jeweils den gleichen Faktor (1,2,4,8). Dies entspricht einer logarithmischen Skala.

Kontrastwahrnehmung

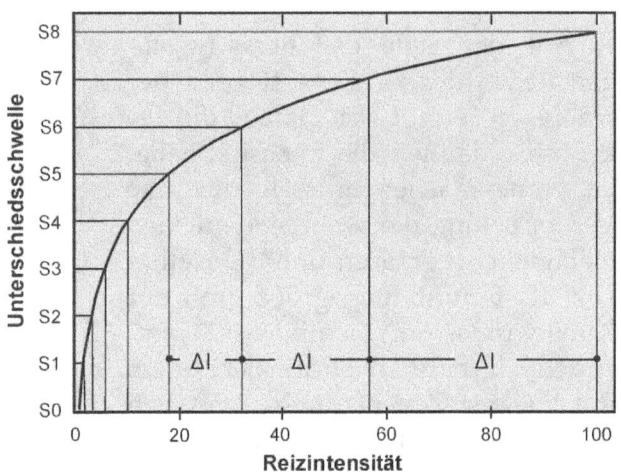

Abb. 22: Größenschätzung der Helligkeit linear (7)

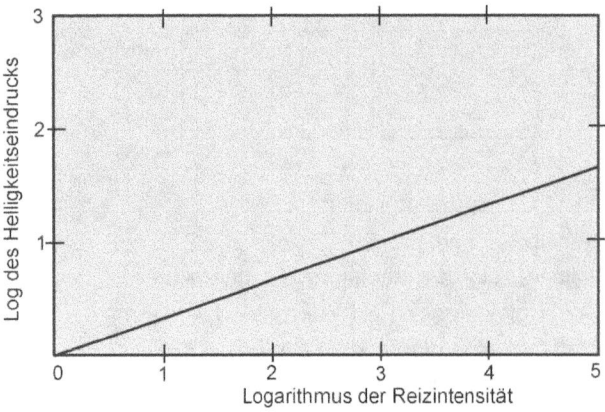

Abb. 23: Größenschätzung der Helligkeit logartithmisch (7)

zu Grunde liegt, war **Ernst Heinrich Weber**. Er stellte bereits in den 1840er Jahren fest, daß seine Probanden beim Vergleichen von Gewichten nur dann einen Unterschied wahrnahmen, wenn das Vergleichsgewicht in einem bestimmten Verhältnis zum Standardgewicht stand. Beispielsweise konnten sie die Unterschiede zwischen 100g und 105g bzw. 200g und 210g feststellen, nicht jedoch kleinere Differenzen. **Gustav Theodor Fechner** formulierte daraus 1860 das **Webersche Gesetz**:

$$K = \frac{\Delta S}{S}$$

K = Werbersches Verhältnis
ΔS = Abweichung des Standardreizes
S = Standardreiz

23. Beide Kurven werden uns später noch bei der Gammakorrektur interessieren.

Der erste, der feststellte, daß all unseren Sinneswahrnehmungen eine derartige logarithmische Reizumsetzung

Ganz allgemein läßt sich daraus ableiten, daß unsere Wahrnehmung nur dann eine spürbar stärkere Empfindung registriert, wenn der Zuwachs in einem gleichbleibenden Verhältnis zum vorangehenden Reiz steht. Je größer der ursprüngliche Reiz ist, desto größer muss auch das Ausmaß der physikalischen Veränderung sein, um einen gerade wahrnehmbaren Unterschied hervorzurufen. Wenden wir die Gleichung auf den Gewichtsvergleich an, so ergibt sich für den Standard von

100g K = 5/100 = 0,05 und für den Standard von 200g K = 10/200 = 0,05. Der Wersche Quotient liegt also konstant bei 0,05 bzw. 5% des Standardgewichts. Beim Tastsinn beträgt der erforderliche Mindestzuwachs rund 3 % des Hautdrucks, beim Geschmackssinn muss die Konzentration um 10-20 % steigen. Für die Helligkeitswahrnehmung ergab sich der für Webers und Fechners Zeit gute Wert von 2 %.

Die Anzahl der wahrnehmbaren Tonwerte

Nun sind wir hier alle Photographen und drücken uns in unseren Bildern vor allem oder zumindest auch über die Tonwerte aus und deshalb interessiert uns in diesem Zusammenhang natürlich, wie viele einzelne Tonwerte in einer Photographie wahrnehmen können. Dieser Wert hängt zu einem vom Dynamikumfang des Prints und zum anderen von der Beleuchtungsstärke ab. Ein sehr guter Print erreicht eine Maximaldichte von 2,0, was einem Kontrast von 100:1 (10^2 = 100) und einem Dynamikumfang von 2,0/0,3 = 6,6 Belichtungsstufen entspricht. Im besten Fall, wenn unser Unterscheidungsvermögen über den gesamten Bereich bei konstant 1 % bliebe, könnten wir log200/log 1,01 = 532 Tonwerte unterscheiden. Unser Unterscheidungsvermögen läßt aber um den Faktor 8 nach. Wir können also in der hellsten Belichtungsstufe 70 Tonwerte (entspricht 1/70 einer Belichtungsstufe, denn $1,01^{70}$ = 2,0) wahrnehmen und in der Dunkelsten gute 9 (70/8=8,75). Abb. 24 zeigt ein Koordinatensystem, in dem die 70 Tonwerte an der y-Achse und die auf volle 7 gerundeten Belichtungsstufen an der der x-Achse abgetragen sind. Die Endpunkte verbindet eine Gerade, an der die Anzahl der pro Belichtungsstufe

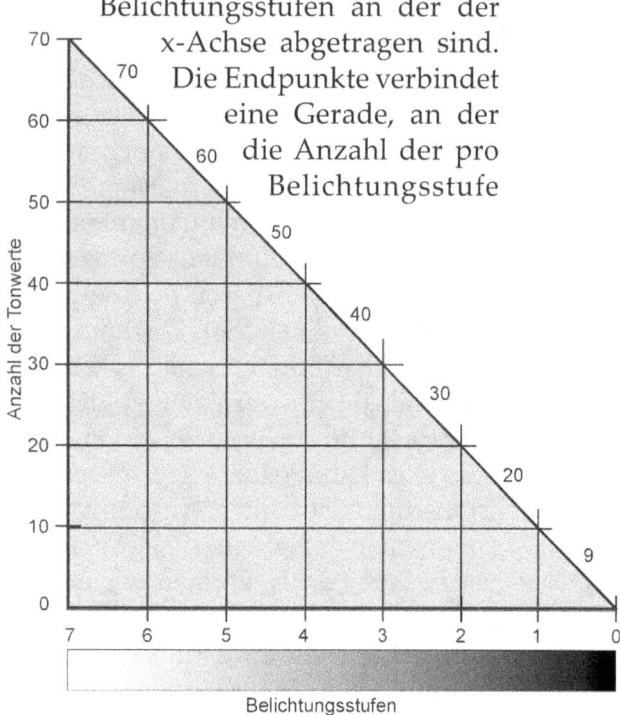

Abb. 24: Anzahl der im Print wahrnehmbaren Tonwerte

Kontrastwahrnehmung

wahrnehmbaren Tonwerte eingetragen ist. Ihre Addition ergibt eine Summe von 279.

Die Zahl von gut 280 Tonwerten dürfen wir annehmen, wenn wir den Print unter der als optimal geltenden Beleuchtungsstärke von 200 bis 300 cd/m² betrachten. Zum Vergleich: Ein sonniger Tag bringt es auf bis zu 7000 cd/m², in Büros herrschen meist 100 cd/m² und im abendlichen Wohnzimmer messen wir zwischen 20 und 40 cd/m². Betrachten wir denselben Print einmal unter 200 cd/m² und einmal unter 20 cd/m², so wird er uns im zweiten Fall als im Ganzen zu dunkel erscheinen und wir werden nur gute 75 % seiner Tonwerte wahrnehmen können, wobei wir in den Schatten am meisten verlieren. Umgekehrt erscheint uns eine Photographie unter direktem Sonnenlicht als zu hell. Unter diesen Bedingungen werden wir zwar viel Zeichnung in den dunklen Bildbereichen erkennen, eine Vielzahl Tonwerte in den Lichtern aber nicht mehr unterscheiden können. Dies kann jeder selbst mit einem Graustufenkeil unter verschiedenen Umgebungshelligkeiten selbst nachvollziehen. Positiv können wir diesen Zusammenhang für uns nutzen, wenn wir das Bild ein wenig dunkler als normal ausgeben und es unter einer im Vergleich zum Durchschnitt ein wenig helleren Beleuchtung betrachten.

Denn in diesem Fall werden wir eine im Vergleich größere Anzahl Tonwerte wahrnehmen können.

Die Beleuchtungsstärke können Sie übrigens näherungsweise wie folgt mit dem Belichtungsmesser Ihrer Kamera bestimmen: Visieren Sie einfach ein weißes Blatt Papier unter denselben Beleuchtungsbedingungen an unter denen Sie das Bild betrachten. Bei der Empfindlichkeitseinstellung 160 ISO und bei Blende 5,6 entspricht die Beleuchtungsstärke in cd/m² ziemlich genau dem Kehrwert der Belichtungszeit. Lesen Sie also 1/500 sec ab, so beträgt die Beleuchtungsstärke rund 500 cd/m².

Bleibt noch anzumerken, daß eine Photographie dauerhaft nicht ohne weiteres einer Beleuchtungsstärke von 300 cd/m² ausgesetzt werden sollte, um das vorzeitige Verblassen unter dem damit einhergehenden hohen Anteil ultravioletter Strahlung zu verhindern. Zuverlässigen Schutz davor bietet die Rahmung unter UV-Schutzglas, wie beispielsweise *Tru-Vue* das 97 % des UV-Lichts ausfilter

3 Kontrast in der Photographie

Inhalt

Forderung 0 – Unsere Erwartungen an die
  Kontrastreproduktion einer Photographie
Faktoren, die wir zur Erfüllung der Forderung 0 berücksichtigen müssen
Die Forderung 0 im Analogbereich
Das Kontrastverhalten elektronischer Bildträger
Die Forderung 0 im Digitalbereich
Gammakorrektur – Ganz in der Schwebe
Der Kontrast und die Belichtung
Kontrastmanipulation bei der Aufnahme

Kontrast in der Photographie

Forderung 0 – Unsere Erwartungen an die Kontrastreproduktion einer Photographie

Was erwarten wir von einem Photo? Wenn wir alle mehr oder weniger schrägen Vorgaben mal außen vor lassen, können wir uns sicher darauf einigen, daß ein Photo das Motiv A) realistisch und B) schön abbilden soll.

Um das Kriterium der Realitätsnähe zu erfüllen, muss der wahrgenommene Kontrast im Verhältnis 1:1 zum Motivkontrast stehen. Dass heißt was im Motiv doppelt so hell ist, muss auch in der Abbildung doppelt so hell erscheinen. Nun könnte man auf den ersten Blick meinen, daß die Tonwerte mit exakt den gleichen Leuchtdichten wie im Motiv reproduziert werden müssen, damit sich eine 100 %ige Entsprechung ergibt. Diese Forderung ist sehr schwer zu erfüllen, denn das wäre nur den Fall, wenn wir das Bild unter denselben Bedingungen betrachten, wie das Motiv. In der Regel schauen wir unsere Photos aber in der eher schlecht beleuchteten Stube am sonnenüberfluteten Rand des Grand Canyon an. Glücklicherweise ist diese Hürde kein Problem, denn in dieser Hinsicht ist es außergewöhnlich bequem, daß unser visuelles System die Objekte nicht anhand ihrer **absoluten Helligkeiten** einordnet, sondern daß ihm dazu die **relativen Helligkeiten** genügen.

Wir brauchen also nicht die Intensitäten 1:1 zu transportieren, sondern nur den Kontrast. Das heißt, was im Motiv doppelt so hell ist muss der Betrachter auch als doppelt so hell wahrnehmen. Die Tonwerte müssen also so transportiert werden. daß sie in der Wahrnehmung des Betrachters den gleichen Abstand zueinander aufweisen, wie im Motiv. Damit können

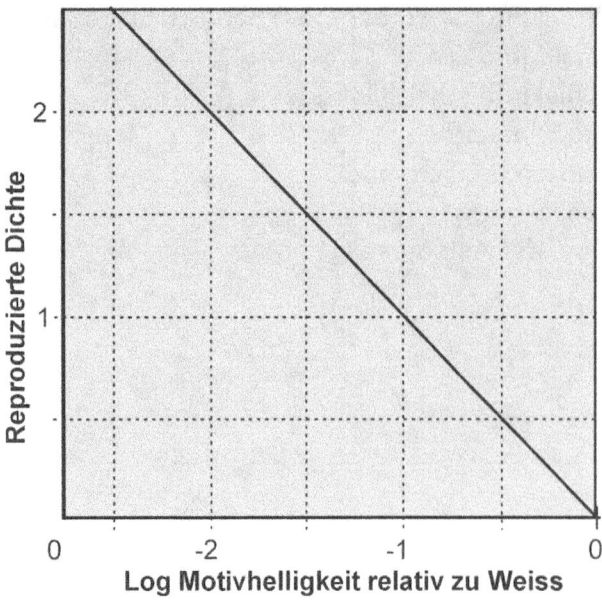

Abb. 25: Charakteristik-Kurve unterschiedliche Beleuchtung

Forderung 0 – Unsere Erwartungen an die Kontrastreproduktion einer Photographie

wir den Eindruck der realen Szene erwecken, weil das visuelle System die Helligkeiten ebenfalls nur aus ihren Verhältnismäßigkeiten konstruiert.

Betrachten wir unsere Abbildung also unter Beleuchtungsbedingungen, die sich von denen der Originalszene nur im Hinblick auf die absolute Beleuchtungsintensität unterscheiden, so genügt es die Tonwerte mit relativem Abstand zum Ausgangspunkt Weiß zu reproduzieren. Abb. 25 illustriert diesen Zusammenhang. Die waagerechte x-Achse zeigt die logarithmischen Motivhelligkeiten relativ zu Weiß, an der senkrechten y-Achse finden wir die Dichtewerte.

Ein durchschnittliches Motiv weist einen Kontrastumfang von 400:1 auf, unsere Ausgabemedien können aber vielfach nur einen Dynamikbereich von 275:1 wiedergeben, weil sie keine ausreichende Maximaldichte erreichen. Daraus ist ersichtlich, daß die Forderung nach Kontrastreproduktion im Verhältnis 1:1 nicht für den gesamten Motivbereich erfüllt werden kann. Stattdessen müssen wir uns für einen korrekt reproduzierten Bereich – Schatten, Mitteltöne oder Lichter – entscheiden und den Kontrast an den beiden anderen Enden entsprechend absenken. In der Regel wird die Wahl auf die Mitteltöne fallen, denn wie wir im Abschnitt „Die Mindestgröße der Helligkeitsunterschiede" erfahren haben ist unser Unterscheidungsvermögen in den Bereichen mittlerer Helligkeit am ausgeprägtesten und läßt darüber und darunter sukzessive nach. Zudem werden wir sehen, daß die Forderung nach Komprimierung in den Schatten und Lichtern dem natürlichen Verhalten der AgX-Bildträger entspricht.

Faktoren, die wir zur Erfüllung der Forderung 0 berücksichtigen müssen

Faktor 1 – Streulicht

Als Streulicht bezeichnen wir in der Photographie jenen durch Reflexion verursachten diffusen Lichtanteil, der sich im Bild als gleichmäßiger Schleier bemerkbar macht. Er erhöht die Helligkeit an jedem Punkt und mindert deshalb den Kontrast. In der Abbildungskette spielt es an zwei Stellen eine wichtige Rolle, bei der Bildentstehung und bei der Bildbetrachtung. Im Fall der **Bildentstehung** sind die folgenden Faktoren relevant

Kontrast in der Photographie

Die Objektivbauart Im Objektiv wird das einfallende Licht unvermeidbar an den optischen Oberflächen und den Blendenlamellen gestreut. Deshalb lautet hier die Grundregel, daß die Optik so wenige Elemente wie möglich besitzen sollte, die zudem mit Anti-Reflexionsbeschichtung bedampft sein sollten, damit der Streulichtanteil möglichst gering ausfällt. Mechanische Bauteile sollten in Schwarz und mit matter Oberfläche ausgeführt sein.

Die Kamerabauart Innerhalb des Kameragehäuses entsteht Streulicht durch die einfache und mehrfache Reflexion am Verschluß und den zahlreichen weiteren Oberflächen der vorhandenen Bauteile. Dem wirkt auch hier die mattschwarze Ausführung der mechanischen Teile ein gutes Stück weit entgegen. Und selbstverständlich sollte das Kamerainnere absolut lichtdicht sein, damit kein unfokussiertes Licht den Kontrast mindert. Aber selbst wenn Optik und Kameragehäuse nach allen Regeln der Kunst ausgeführt sind, reduziert dies den Streulichtanteil nicht völlig, so daß sich Motivhelligkeiten und Tonwerte nicht direkt entsprechen. Ein geringer Teil des fokussierten Lichts wird immer an den Objektivfassungen, evtl. vorhandenen Filtern oder der Oberfläche des Bildträgers selbst gestreut und sorgt dann für verminderten Kontrast. Streulicht ist auf Grund dessen nicht völlig auszuschalten und unabdingbarer Bestandteil jedes projizierten Bildes.

Die Motiveigenschaften Große Helligkeiten sorgen für viel Streulicht. Aus diesem Grund produzieren Motive mit großen Kontrastverhältnissen oder großen hellen Bildteilen auch viel Streulicht. Beispiele sind Schneefelder, Strandszenen oder High-Key Aufnahmen (hell in hell). Sie alle werden tendenziell zu einem hohen Streulichtfaktor führen.

Die Beleuchtung Gegenlichtmotive, in denen die Lichtquelle im Bildfeld liegt, bringen mehr Streulicht mit sich als Motive, die von vorn oder von der Seite beleuchtet werden.

Staub u.ä. Partikel Staub und Schmutzpartikel stellen reflektierende Oberflächen dar, die zwangsläufig Streulicht produzieren. Aus diesem Grund und um mechanische Schäden zu vermeiden, sollten alle Oberflächen und Innenteile des Aufnahmeapparats so staubfrei wie möglich sein.

In Zahlen fassen lässt sich das Maß des Streulichts mit dem

Faktoren, die wir zur Erfüllung der Forderung 0 berücksichtigen müssen
Faktor 1 – Streulicht

Streulichtfaktor. Er wird ermittelt, indem man das Kontrastverhältnis des Motivs durch das Kontrastverhältnis des Abbilds dividiert.

$$Streulichtfaktor = \frac{Motivkonstrast}{Abbildkontrast}$$

Für ein Motiv mit dem Kontrast von 160:1 und dem Bildkontrast von 80:1 ergibt sich so ein Streulichtfaktor von

$$Streulichtfaktor = \frac{160:1}{80:1} = 2$$

Dieser Wert ist realistisch. Zahlreiche Versuche haben ergeben, daß der Durchschnittswert für aktuelle Kameras und Optiken bei gut 2,5 liegt. Dies ist auf normale Motivbedingungen bezogen, denn wie wir bereits gesehen haben spielen auch die Reflexionseigenschaften und Beleuchtungsverhältnisse eine Rolle. Je nachdem wie sie zusammenwirken, kann der Streulichtfaktor auf geringe 1,5 sinken oder bis auf 6 oder 8 ansteigen.

Der Streulichtanteil bei der **Bildbetrachtung** geht auf folgenden Zusammenhang zurück. Dichtewerte werden objektiv mit einem Densitometer ermittelt. Dies Gerät besitzt eine Photozelle, mit der es das lotrecht von der Oberfläche des auszumessenden Objekts reflektierte Licht mißt. Nur dieser im 90° Winkel reflektierte Lichtanteil fließt in das Meßergebnis ein (Abb. 26 A). Dieser Messvorgang spiegelt aber nicht die Realität unseres Seherlebnisses wider. Denn unter normalen Betrachtungsbedingungen fällt nicht nur gerichtetes Licht aus einer einzigen Richtung auf die Bildoberfläche, sondern relevante Anteile kommen auch aus allen anderen Richtungen und werden dementsprechend auch von der Oberfläche diffus in alle anderen Richtungen reflektiert, ohne die Bildschicht passiert zu haben. Unabhängig davon, von wo wir das Bild betrachten, nehmen wir auch diesen diffusen Lichtanteil wahr, der sich als weißlicher Schleier bemerkbar macht und die wahrnehmbare Maximaldichte bzw. den Kontrast mindert (Abb. 26 B).

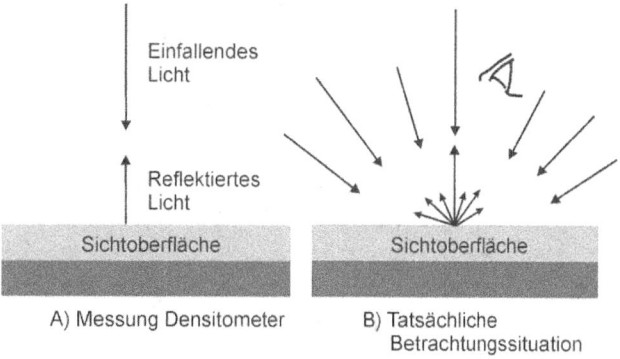

Abb. 26: Direkte und Diffuse Reflexion

Kontrast in der Photographie

Der diffus von der Oberfläche des Bildträgers (Papier oder Kunststoff) reflektierte Lichtanteil setzt sich aus drei Hauptkomponenten zusammen:

- Einem Teil, der von der Oberfläche der Emulsion reflektiert wird

- Einem Teil, der von den Stärke- und Silberkörnern der Emulsion zurückgeworfen wird

- Einem Teil, der von der Oberfläche des Papier- oder Kunststoffträgers reflektiert wird

Die zuletzt genannte Reflexionsquelle kann durch stärkere Belichtung und die dadurch bedingte größere Silbermenge in der Schicht nahezu eliminiert werden. Die beiden anderen Reflexionsarten bleiben davon aber unbenommen und beschränken die wahrnehmbare Maximaldichte. Sie wirken also, wie die Lichtstreuung bei der Aufnahme, vor allem auf die dunklen Bildbereiche.

Der Grad der Beeinträchtigung hängt im Wesentlichen von der Beschaffenheit der Oberfläche ab. Ist diese glänzend, so reflektiert sie das Licht beinahe nur direkt, d.h. es wird in demselben Winkel zurückgeworfen, in dem es einfällt. Dabei gelangt nur wenig Licht ins Auge des Betrachters und die Kontrastminderung ist gering. Glänzende SW-Papiere besitzen nach der Entwicklung noch Silberkörner in ihrer Schicht, die das Licht im Bereich von 1 % streuen. Aus diesem Grund weisen sie in der Regel eine maximale Dichte von rund 2,1 auf. Glänzende Farbpapiere besitzen eine sehr dünne Emulsionsschicht, die nach der Entwicklung statt des Silbers nur noch Farbstoffwolken enthält. So wird das Licht kaum reflektiert und das verhilft diesen Papieren zu einer Maximaldichte von gut 2,5.

Matte Oberflächen reflektieren das Licht aufgrund ihrer speziellen Natur, der zum Erreichen des Effekts oft Stärkekörner beigemengt werden, fast nur diffus. So gelangt ein gut 4% großer Lichtanteil zurück zum Auge. Dies und die zusätzliche Reflexion an den im SW-Bereich vorhandenen Silberkörnern sorgen für vergleichsweise starke Kontrastminderung und eine Maximaldichte zwischen 1,3 und 1,6. Die aktuell besten Inkjet Papiere erreichen in Verbindung mit Farbstofftinten Maximaldichten von 2,7 bis 3,0.

Angewandt auf ein Motiv mit dem durchschnittlichen Kontrastwert von 160:1 bedeutet eine zusätzliche, gleichmäßig verteilte Einheit Streulicht, daß sich das Helligkeitsverhältnis auf 161:2 verändert. Dies kürzt sich auf rund

Faktoren, die wir zur Erfüllung der Forderung 0 berücksichtigen müssen
Faktor 2 – Umgebungshelligkeit

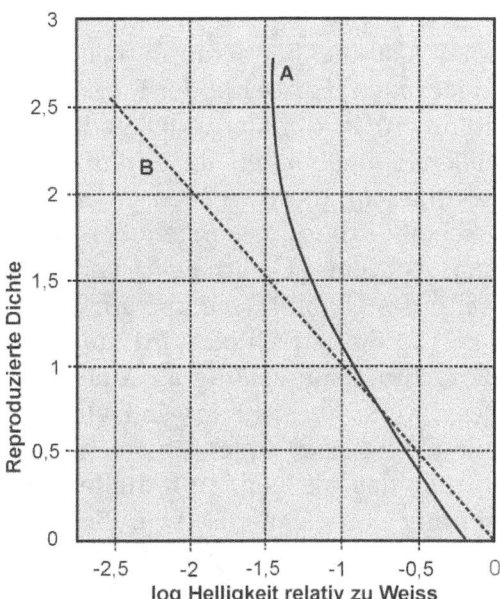

Abb. 27: Charakteristik-Kurve zur Kompensation des durchschnittlichen Streulichtanteils. Kurv A zeigt die Charakteristik die notwendig ist, um einen typischen Streulichtanteil zu kompensieren, so dass sich in einer durchschnittlich hellen Umgebung eine realistische Wahrnehmung der Tonwerte ergibt. Daß heißt der reproduzierte Kontrast entspricht 1:1 dem Motivkontrast (Kurve B) (8).

80:1 und stellt eine beachtliche Reduzierung dar. Bezogen auf die beiden Enden des Tonwertspektrums wirkt sich das Streulicht prozentual unterschiedlich aus: In den Schatten kann die zuvor beschriebene Helligkeitszunahme um eine Einheit den Wert verdoppeln während sie auf die Lichter bezogen nur einen Bruchteil des ursprünglichen Werts darstellt. Das bei der Aufnahme entstehende Streulicht wirkt also überproportional stark auf die dunklen Bildbereiche. Aus diesem Grund muss die zur Kompensation notwendige Kontrastanhebung in den Lichtern (0,3), Mitteltönen (1,25) und Schatten (2,5) unterschiedlich groß sein. So ergibt sich eine Kurve, wie in Abb. 27, die den durchschnittlichen Streulichtwerten (Kamera- und Optik Streulichtanteil von 0,4 % des Bildweiß, einem durch die Vergrößerung bedingten Streulichtanteil von 9 % – obwohl dies bei der Ausgabe auf einem Tintenstrahldrucker oder Laserbelichter wegfällt – und einem bei der Betrachtung auftretenden Streulichtanteil von 2,7 %) Rechnung trägt.

Faktor 2 – Umgebungshelligkeit

Der Abschnitt zur Mindestgröße der Helligkeitsunterschiede hat gezeigt, daß unsere Fähigkeit Helligkeitsunterschiede zu erkennen von der Umgebungshelligkeit abhängt. Ist diese gering, so ist auch unsere Unterscheidungsfähigkeit geringer als bei durchschnittlicher Tageshelligkeit. Wir können auch sagen unsere Kontrastempfindlichkeit läßt nach, wenn sich die Umgebungshelligkeit verringert. Dieser Umstand ist für die Kontrastreproduktion bedeutsam. Denn

Kontrast in der Photographie

Bilder, die bei geringer Helligkeit betrachtet werden und so abgestimmt sind, daß der Kontrast 1:1 übertragen wird (d.h. ihre Charakteristik-Kurve steigt im 45° Winkel an), nehmen wir als flau und verwaschen wahr.

Der Fall, bei dem dieser Zusammenhang die größte Rolle spielt, ist die Betrachtung von Dias (oder auch Fernsehbildern bzw. Kinofilmen) in dunklen oder gedämpft hellen Umgebungen. Damit uns der Kontrast in diesen Fällen realistisch erscheint, muss er angehoben werden. Auf einen Gammawert von **1,25**, wenn das Dia mit der Lupe auf einem Leuchtpult betrachtet wird und die Betrachtungsumgebung aus dem Rest des Zimmers besteht dessen Helligkeit nur mäßig nach unten abweicht (wir dürfen das als **gedämpft helle Umgebung** bezeichnen). Die Betrachtungsbedingungen bei Fernsehern und Computermonitoren dürfen wir ähnlich ansetzen, so daß wir auch in diesen Fällen von einer gedämpft hellen Umgebung sprechen können, die durch einen Gammawert von 1,25 korrigiert werden kann. Betrachten wir das Bild dagegen in dunkler Umgebung, wie dies beim Projizieren von Dias auf eine Leinwand der Fall ist, so muss der Gammawert **1,5** betragen (dies bezeichnen wir dann als **dunkle Umgebung**). Nur in einer **durchschnittlich hellen Umgebung**, wie wir sie zum Betrachten von Prints herstellen sollten, ist ein Gamma von **1,0** richtig. – In diesem Zusammenhang liegt also der Grund dafür, daß Diafilme eine so steile Gradation und den damit einhergehenden geringen Belichtungsumfang aufweisen.

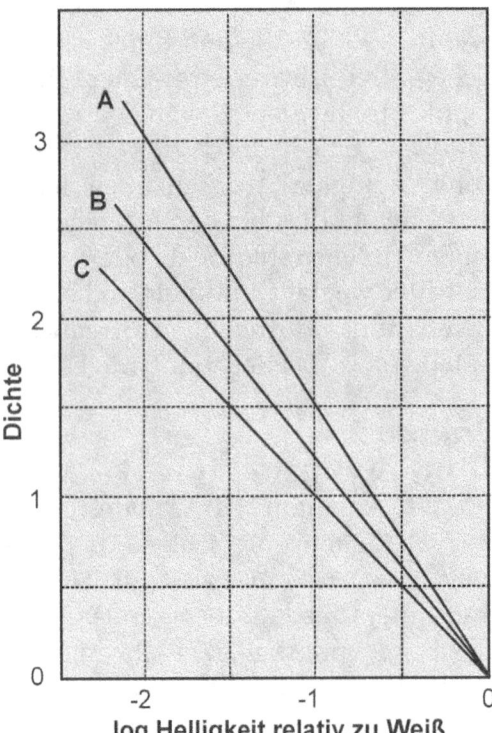

A) Dunkle Umgebung γ = 1,5
B) Gedämpft helle Umgebung γ = 1,2
C) Durchschnittlich helle Umgebung γ = 1,0

Abb. 28: Charakteristik-Kurven zur Korrektur verschiedener Umgebungshelligkeiten (8).

Faktoren, die wir zur Erfüllung der Forderung 0 berücksichtigen müssen
Faktor 3 – Bildqualität

Abb. 29: Bildqualität 1

Abb. 30: Bildqualität 2

Die Kontrastvorgaben für diese unterschiedlichen Betrachtungsbedingungen hat **Emanuel Goldberg** (als Wissenschaftler und Geschäftsführer u.a. tätig bei *Zeiss Ikon*) bereits in den 30er Jahren des letzten Jahrhunderts aus den physiologischen Erkenntnissen abgeleitet. Sie sind als **Goldberg-Regel** oder **Goldberg-Gamma** bekannt.

Faktor 3 – Bildqualität

Welches der beiden oberen Bilder finden Sie besser? – Ich wette Sie stimmen auch für das Rechte und ich denke das liegt daran, weil das rechte Bild schärfer erscheint als das linke. Dies Urteil ist normal, denn wenn wir einmal von den Eigenschaften des Motivs absehen weisen alle Betrachter dem Schärfeeindruck die größte Bedeutung für die wahrgenommene Bildqualität zu.

Kontrast in der Photographie

Was aber ist visuelle Schärfe? Die Helligkeit eines Lichtreizes können wir in cd/m² messen, seine Farbigkeit über die Wellenlängenstruktur bestimmen, aber Schärfe ist eine rein wahrgenommene Eigenschaft einer visuellen Szene, die wir nicht direkt bestimmen können. Sie liegt nur im Auge des Betrachters. Allgemein bezeichnen wir einen visuellen Eindruck als scharf, wenn die Objekte klar voneinander abgegrenzt sind. Damit ist visuelle Schärfe im Gegensatz zur geschmeckten oder gerochenen Schärfe der Schärfeeindruck, den wir an den Kanten und Grenzflächen zwischen den Objekten wahrnehmen. Der Schärfeeindruck ist umso größer je mehr dieser Kanten wir auffassen und je deutlicher sie sind, je größer also der Kontrast zwischen ihren beiden Seiten ist.

Damit haben wir ganz schnell einen kurzen Weg gezeichnet, auf dem wir die Bildqualität beeinflussen können: wir brauchen nur den Kontrast zu erhöhen. Genau das tun die großen Filmhersteller und sie sind gut damit gefahren Prints eine Kontraststeigerung von 15 % zukommen zu lassen. Bei Dias hat sich ein Wert von 10 % als ausreichend erwiesen. Mit diesen Werten ist sichergestellt, daß die Farbsättigung, die ebenfalls eine Rolle für die wahrgenommene Bildqualität spielt,

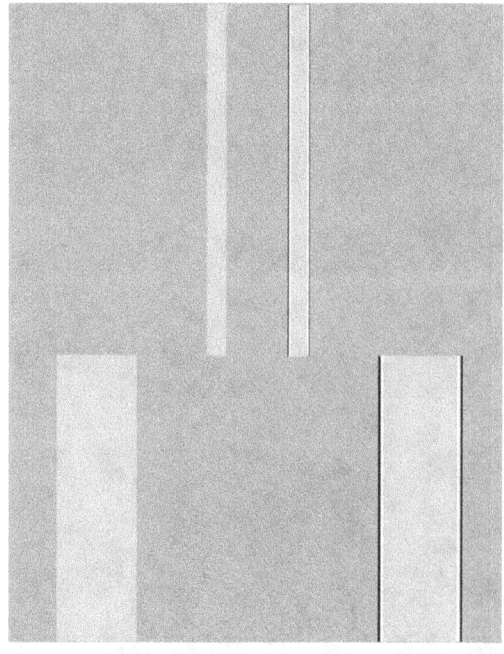

Abb. 31: Kontrasterhöhung und Schärfeeindruck. Auf der rechten Seite, wo der Kontrast des grauen Streifens durch die hinzugefügten weißen und schwarzen Streifen erhöht ist, nehmen wir eine schärfere Kante wahr.

im richtigen Maß angehoben wird. Denn in der Erinnerung erscheinen uns die Farben in der regel leuchtender, als sie es in Wirklichkeit waren.

Die resultierende Charakteristik

Alle genannten Faktoren laufen darauf hinaus, daß der photographische Prozess den Kontrast erst einmal verzerren muss, damit wir ihn wie gefordert bzw. wie erwartet wahrnehmen. Jedes Kriterium erfordert für sich allein genommen eine mehr oder weniger große Kontrastanhebung. In der Summe ergeben sich für die verschiedenen Ausgabemedien folgende Gammawerte:

- Farbprint: 1,3-1,4
- Dia: 1,8-2,0

Die Forderung 0 im Analogbereich

Als Analog-Photographen haben wir es gut, denn die Hersteller haben den Standardprozess der Materialien so formuliert, daß er allen Faktoren Rechnung trägt. – Sie wollen schließlich, daß ihre Produkte gut bei den Konsumenten ankommen und haben aus diesem Grund ein natürliches Interesse daran, daß sie die Forderung 0 erfüllen. Consumerprodukte bilden die Motive also nicht unbedingt realistisch ab, aber sie bilden sie so ab, wie sie die Mehrzahl der Betrachter sehen wollen. Also so, daß sie den Vorlieben der Menschen entsprechen. Kontrastverhalten und Dynamikbereich der Silberfilme und -papiere sind also direkt auf die Erfüllung der zu Beginn formulierten Forderung zurückzuführen. Aus diesem Grund sehen ihre Charakteristik-Kurven in der Standardabstimmung so aus, wie wir sie vorfinden. Dies erreichen die Produzenten über das Finetuning von zwei Faktoren: A) Der **Größe und Verteilung der Silberhalogenid-Kristalle** in der Emulsion und B) der **Art und Dauer der Entwicklung**. Sie bestimmen im wesentlichen über die Kernparameter **Belichtungsumfang** (welches Kontrastmaß ein Stück Silberfilm oder auf AgX basierendes Photopapier verkraften kann) und **Kontrastverhalten** (wie die Bildträger über den nutzbaren Bereich mit dem Kontrast umgehen).

Die Größe der Kristalle ist ausschlaggebend, weil sie über ihre Lichtempfindlichkeit bestimmt. Bei einer Belichtung der Stärke x ist die

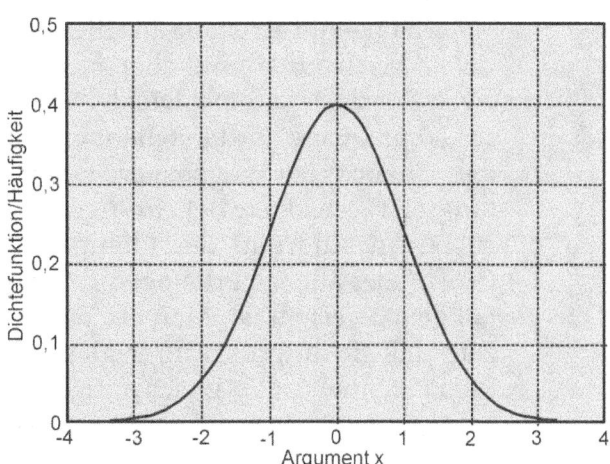

Abb. 32: Normalverteilung

Kontrast in der Photographie

Wahrscheinlichkeit, daß ein großer Silberhalogenid-Kristall die zur Bildung eines Belichtungskeims notwendigen vier Photonen auffängt größer als bei einem kleinen. Aus diesem Grund ist eine aus vergleichsweise großen Kristallen aufgebaute Emulsion lichtempfindlicher als eine die aus vergleichsweise Kleinen besteht.

Welche Helligkeitsunterschiede ein AgX-Bildträger wie aufzeichnen kann, wird im Wesentlichen davon bestimmt in welcher Größe und Verteilung die Silberhalogenid-Kristalle in seiner Emulsion vorkommen und wie bzw. wie lange er entwickelt wird.

Eine Emulsion, deren Silberhalogenid-Kristalle alle dieselbe Größe besitzen, könnte aber nur die zwei Zustände „keine Dichte" oder „Maximaldichte" darstellen, weil die Chance bei gegebener Belichtungsstärke x einen Belichtungskeim zu bilden aufgrund der identischen Größe über alle Silberhalogenid-Kristall gleich verteilt ist. Man könnte sagen, daß sie aufgrund ihrer gleichen Beschaffenheit alle gleichzeitig auf belichtet umspringen. Dies Verhalten ist für lithographische Filme, mit denen Strichzeichnungen reproduziert werden, erwünscht. In der Hauptsache dient die Photographie aber dazu, Szenen mit weit unterschiedlicheren Tonwerten als nur Weiß und Schwarz abzubilden. Um die Reproduktion solcher Kontraste in einer Belichtung zu ermöglichen, müssen die Emulsionen über entsprechend unterschiedlich große und unterschiedlich empfindliche Silberhalogenid-Kristalle verfügen. Diese Größenunterschiede entstehen, indem man das Silbernitrat nicht schnell und auf einmal in die Gelatine-Brom-Lösung gibt (dies ist bei Lith-Filmen der Fall), sondern langsam. Auf diese Weise entstehen zuerst kleine Kristalle, die sich mit Fortschreiten des Prozesses zum Teil wieder auflösen und zu neuen, größeren Strukturen arrangieren. Je nach dem, wann der Vorgang beendet wird, besteht die Schicht so aus Silberhalogenid-Kristallen unterschiedlicher Größe und Anzahl. Die großen Kristalle sind die ältesten, die kleinen die jüngsten. Wenn das Licht auf eine so beschaffene Emulsion trifft, fangen die großen Kristalle die meisten Photonen auf und formen ein latentes Bild der geringen Lichtstärken, also der Schatten. Die weniger empfindlichen kleinen Kristalle benötigen mehr Licht zur Bildung eines Belichtungskeims und zeichnen deshalb das latente Bild der Lichter auf.

Die Forderung 0 im Analogbereich

Idealerweise sollten die verschieden großen Kristalle alle in derselben Anzahl in der Emulsion vorkommen, damit sie die unterschiedlichen Tonwerte bzw. den Kontrast linear reproduzieren kann. Trotz großer Anstrengungen ist dieser Anspruch technisch aber praktisch nicht erfüllbar, weil die Kristallbildung nach zum Teil chaotischen Regeln abläuft. Aus diesem Grund ergibt sich typischerweise eine glockenförmige Häufigkeitsverteilung (Histogramm) zwischen großen- und kleinen Kristallen, deren Spitze in einer mittleren Größe liegt. Der Häufigkeitsabfall zu beiden Seiten ist es, der der Charakteristik-Kurve ihre markanten Bereiche **Durchhang** und **Schulter** verleiht. Denn das Abflachen des Histogramms bedeutet, daß die Kristallgrößen gleichmäßiger verteilt sind und das führt zu einem jeweils geringeren Kontrast bzw. einem nichtlinearen Zusammenhang zwischen eingegebenem Tonwert und ausgegebener Dichte. Weil die Hersteller viel Zeit und Mühe und damit auch Geld in die Ausarbeitung des Herstellungsprozesses ihrer Emulsionen investieren, halten sie die genauen Abläufe streng geheim.

Sind die Silberhalogenid-Kristalle belichtet, ist es an der Entwicklerflüssigkeit das entstandene latente Bild in eine sichtbare und dauerhafte Abbildung zu verwandeln. Dies tut sie durch die Reduzierung der Silberhalogenid-Kristalle zu elementarem Silber, das die zuvor geringen Dichteunterschiede aufgrund seiner schwarzen Farbe in deutlich wahrnehmbare Differenzen verwandelt. Mit dieser Arbeit beginnt der Entwickler bei den belichteten Kristallen. Würden wir ihm genug Zeit lassen, so würde er alle Silberhalogenid-Kristalle zu elementarem Silber reduzieren. Dann gäbe es keine Dichteunterschiede mehr und folglich auch kein Bild. Die Dauer des Entwicklungsvorgangs besitzt demzufolge großen Einfluss auf die Form der Charakteristik-Kurve von Filmen und Papier und damit ihr Kontrastverhalten. Sie ist verantwortlich für die Ausformung von Durchhang und Schulter und bestimmt über die Steigung des dazwischenliegenden linearen Teils.

Abb. 33 illustriert diese Zusammenhänge. Bei der kürzesten Entwicklungszeit T_1 ist der **Durchhang** am unteren linken Fuß bereits vorhanden. Er entsteht auf Grund der in der Schicht vorliegenden Größenstreuung der Silberhalogenid-Kristalle. Große Kristalle sind lichtempfindlicher als kleine und bilden bei Belichtung eher entwick-

Kontrast in der Photographie

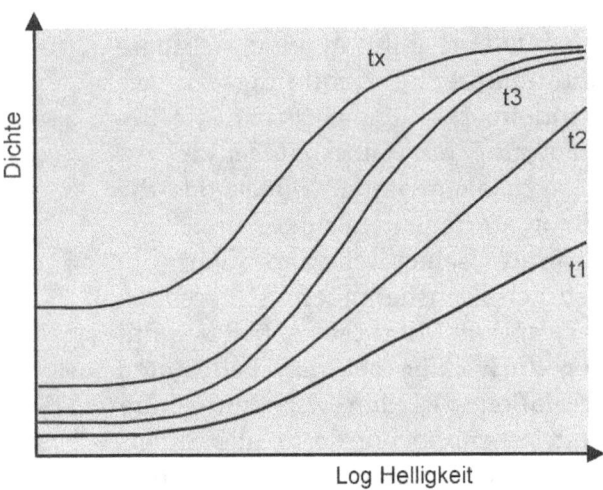

Abb. 33: Unterschiedliche Entwicklungszeiten und die daraus resultierenden Gammawerte

lungsfähige Keime als diese. Am unteren Ende der Charakteristik-Kurve ist die Belichtung schwach und so fangen nicht gleichmäßig viele Kristalle die theoretische Mindestlichtmenge von vier Photonen ein, die notwendig ist damit sich ein Entwicklungskeim bildet. So ergibt sich ein nichtlinearer Zusammenhang zwischen einwirkender Intensität und resultierender Dichte der umso ausgeprägter ausfällt, je länger die Entwicklung dauert. Durch eine längere Entwicklung, erhöhte Temperatur oder Konzentration kann man den Durchhang zwar zu niedrigeren Belichtungen schieben, aber man erhöht dadurch den Schleier (das Äquivalent zum elektronischen Rauschen).

Erst bei T_3 bildet sich auch die **Schulter** am oberen rechten Ende heraus und der lineare Kurventeil verläuft deutlich steiler. Hier haben wir es mit starker Belichtung und vielen Entwicklungskeimen zu tun, die der Entwickler mit Vorliebe zu reinem Silber reduziert. Erst wenn er mit ihnen fertig ist, widmet er sich auch den nichtbelichteten Kristallen und sorgt so für die maximale Dichte. Da wir ihm aber nicht so viel Zeit lassen, sondern den Entwicklungsvorgang nach vergleichsweise kurzer Zeit abbrechen, entsteht diesmal ein nichtlinearer Zusammenhang zwischen der Anzahl der zu Silber reduzierten belichteten Kristalle und der Menge der reduzierten nichtbelichteten Kristalle. Darüber hinaus spielt auch hier die Größenstreuung der Silberhalogenid-Kristalle eine gewisse Rolle.

T_5 zeigt, daß sich Durchhang und Schulter bei nochmals verlängerter Entwicklungszeit weiter annähern und die Grunddichte erheblich ansteigt. Bei vollständiger Ausentwicklung würde die Kurve zu einer Geraden werden, die sich von D_{max} über alle Belichtungsstufen erstreckt. Der Film wäre dann vollständig geschwärzt. Die Hersteller wählen für ihre nach dem Standardprozess verarbeiteten Materialien eine Entwicklungszeit, die sowohl Durchhang als auch Schulter herausbildet und zu einem möglichst langen linearen Abschnitt führt. Ein wenig vereinfacht folgt der Zusammenhang also der Formel **längere Entwicklungszeit = größerer Kontrast**. Denn je länger sie dauert, umso mehr Silber entsteht durch die Reduktion der Silberhalogenidkristalle, umso höher fällt die Maximaldichte aus und umso steiler verläuft die Charakteristik-Kurve. Allerdings ist die Veränderung der Entwicklungsdauer nur im SW-Bereich anzuwenden, weil wir es dort mit nur einer lichtempfindlichen Schicht zu tun haben. Die Entwicklung von Farbnegativen lässt Veränderungen der Entwicklungszeit nur in sehr engen Grenzen zu, da wir es im Gegensatz zum SW-Film mit mehr als einer lichtempfindlichen Schicht zu tun haben und diese mindestens drei Schichten für die subtraktiven Grundfarben Cyan, Yellow und Magenta sehr gereizt auf solche Abweichungen reagieren. Das Ergebnis wären kaum ausfilterbare Farbstiche. Hier müssen wir uns also mit den drei vom Hersteller vorgegeben Farbdichtekurven begnügen, die der Standardprozess hervorruft. Photopapier wird immer ausentwickelt, weil sein Kontrastverhalten eine vom Hersteller vorgegebene Eigenschaft ist und nur so die größtmögliche Dichte erzielt wird.

Praxisbetrachtung Umkehrfilm

Fangen wir zur Abwechslung mal mit dem Einfachsten an, dem Dia. Da gibt's nicht viel zu überlegen, denn das ist ja das fertige Endprodukt. Emulsion und Entwicklung werden so aufeinander abgestimmt, daß sich die benötigte Kontrastanhebung ergibt. Abb. 34 zeigt die Farbdichtekurven eines typischen Umkehrfilms. Sie fällt recht steil von einer hohen Maximaldichte bei geringer Belichtung ab zu einer geringen Dichte bei starker Belichtung. Dies zunächst merkwürdige Verhalten erklärt sich, wenn wir uns vergegenwärtigen, daß

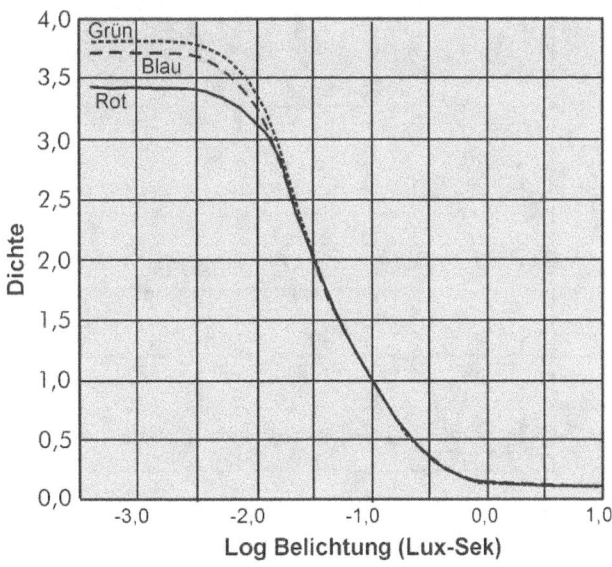

Abb. 34: Typische Charakteristik-Kurve eines Diafilms

Kontrast in der Photographie

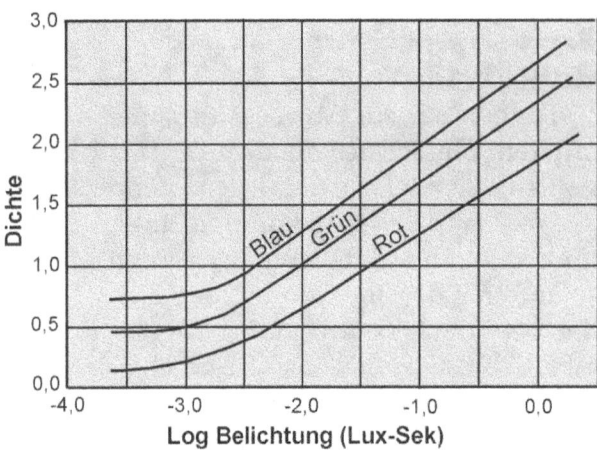

Abb. 35: Charakteristik-Kurven bzw. Farbdichtekurven eines typischen Farbnegativfilms

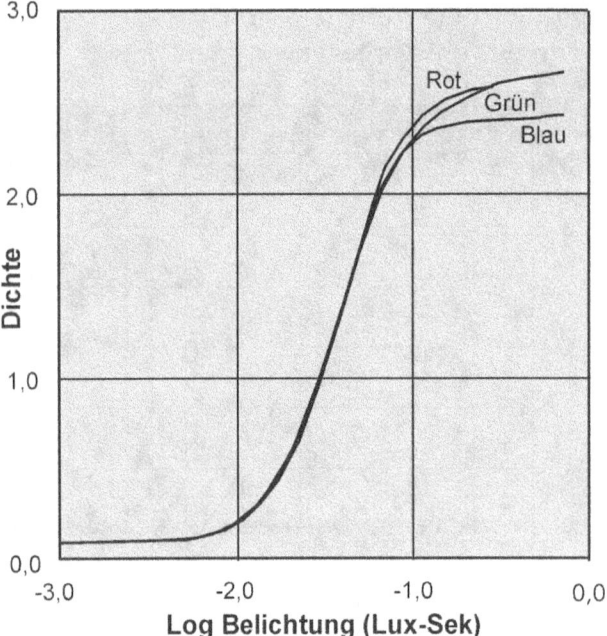

Abb. 36: Typische Charakteristik-Kurve eines Negativ-Positiv Papiers

der Umkehrfilm nicht kopiert wird und eine dunkle Motivstelle direkt eine starke Schwärzung auf dem Film hinterlassen muss. Abgesehen davon zeigt das Diagramm ein homogenes Bild der drei Einzelkurven. Typische Umkehrfilme weisen Maximaldichten von 3,0 bis 3,5 und Gammawerte zwischen 1,9 und 2,0 auf. Bei einem Dynamikbereich von 2,4 $\log_{10}$ Einheiten können Sie einen Motivkontrast von 8 Belichtungsstufen abbilden. Allerdings dürfen wir nur auf dem linearen Kurventeil eine völlig korrekte Wiedergabe der Tonwerte erwarten. Unter dieser Maßgabe sinkt der Dynamikbereich auf gut 5 Belichtungsstufen.

Praxisbetrachtung Negativfilm plus Papier

Bei einem Print handelt es sich im Gegensatz zum Dia um das Ergebnis eines zweistufigen Prozesses und das heißt, daß sich die Kurven von Negativ und Positiv zu der gewünschten Charakteristik ergänzen müssen. Die unter diesen Voraussetzungen sinnvollste Möglichkeit Filme und Papiere aufeinander abzustimmen ist die, das Negativ zu einem geringen Gammawert (typischerweise < 1) zu entwickeln, um den Vorteil des damit einhergehenden großen Belichtungsumfangs zu haben und diesen geringen Kontrast dann im

Kopierprozess zu dem benötigten Wert (typischerweise > 1) aufzusteilen.

Aus diesem Grund weisen **Farbnegativfilme** Charakteristik-Kurven wie in Abb. 35 auf. Ihre Gammawerte liegen bei rund 0,7, sie verkraften einen Belichtungsumfang von gut 11 Belichtungsstufen und weisen Maximaldichten von 2,5 auf. Die Tatsache, daß die Kurven für Rot, Grün und Blau parallel zueinander nach oben verschoben sind, zeigt einen Farbstich der jeweiligen Farbe mit gleichmäßiger Dichte an, der beim Vergrößern ausgefiltert wird.

Farbpapiere besitzen Charakteristik-Kurven wie in Abb. 36. Bei ihnen finden wir typischerweise Gammawerte von 1,8, Maximaldichten von 2,5 und einen Belichtungsumfang von 5,5 Belichtungsstufen.

Obwohl Umkehrfilme von sich aus schon eine sehr steile Gradation besitzen, weisen Dia-Direkt-Papiere ähnlich hohe Gammawerte auf, wie Papiere für Farbnegativfilme (Fuji Typ 35 Papier liegt 1,6 und Ilfochrome ist ähnlich steil). Der Grund dafür ist, daß diese Papiere den Kontrast gar nicht „richtig" reproduzieren sollen. Bei Kopien vom Dia geht es vielmehr darum die hohe Farbsättigung, die wir beim Dia so schätzen, zu transportieren. Und dies ist nur durch entsprechend hohen Kontrast möglich.

Bei einem angenommenen Dynamikbereich von 3,3 $\log_{10}$ Einheiten können wir den Belichtungsumfang in Belichtungsstufen errechnen, wenn wir berücksichtigen, daß eine Belichtungsstufe die Verdopplung bzw. Halbierung der Lichtmenge bedeutet und der Logarithmus von 2 = 0,3 ist (bzw. $10^{0,3}=2$). Es ergibt sich also 3,3/0,3 = 11 Belichtungsstufen.

Das Kontrastverhalten elektronischer Bildträger

Um das Kontrastverhalten eines digitalen Aufnahmesystems zu bestimmen, müssen wir uns einige Daten beschaffen, die die Bedienungsanleitung nicht preisgibt. Dazu brauchen wir Aufnahmen, die möglichst frei von Artefakten aller Art sind. Damit sind alle Ungleichförmigkeiten des Belichtungsfeldes, Staubpartikel auf dem Sensor und Empfindlichkeitsunterschiede zwischen einzelnen Pixeln gemeint. Diese Effekte können wir leicht neutralisieren, indem wir jeweils zwei Bilder hintereinander aufnehmen und ihre Differenz bilden.

Kontrast in der Photographie

Übrig bleibt dann das Nutzsignal plus Ausleserauschen plus Aufnahmerauschen. Um alle Pixel möglichst gleichmäßig anzusteuern, wählen wir ein Motiv, welches so gleichmäßig wie möglich mit Licht aller Spektralbereiche ausgeleuchtet ist. Ein weißes Blatt Papier oder eine weiße Wand sind gut geeignet, um sie unter dem Mittagslicht eines klaren Tages oder, noch besser, auf Tageslicht abgestimmten Photolampen aufzunehmen. Die Kamera kommt aus Stativ und wird so aufgestellt, daß sie das Motiv format-

Im Gegensatz zu den auf Silber basierenden Bildträgern, deren Reaktion vollständig anerzogen ist, weisen digitale Aufnahmesysteme ein inhärent eigenes Kontrastverhalten auf.

füllend erfasst. Wir fokussieren auf Unendlich, um Uneinheitlichkeiten so weit wie möglich auszubügeln. Dann nehmen wir bei einer mittleren Blendeneinstellung und manueller Belichtungssteuerung und ausgeschalteter In-Kamera Rauschreduzierung für jede Belichtungszeit (von der kürzesten bis zur längsten) und Empfindlichkeitsstufe jeweils zwei Bilder auf, die als .raw gespeichert werden. Für Kameras, die keine RAW-Speicherung zulassen, ist dieser Test nicht sinnvoll, denn beim Schreiben des .jpeg Formats wird eine Tonwertkurve eingerechnet, die das Ergebnis verfälscht. Warten Sie zwischen den Aufnahmen, bis die Kamera die Daten auf die Speicherkarte geschrieben hat, um mögliche daraus resultierende Verzerrungen zu vermeiden. Notieren Sie zum Zweck der Vergleichbarkeit der Daten auch die Umgebungstemperatur während des Tests.

Die Bilder werden dann wie nachstehend beschrieben verarbeitet. Dabei ist es wichtig ein Programm zu verwenden, daß die RAW-Daten linear mit mindestens 16-Bit und als vorzeichenlose (unsigned) Integerwerte verarbeiten kann. Dazu sind beispielsweise *ImagesPlus* oder *IRIS* in der Lage. *Photoshop* nutzt dagegen signed Integers. Zur RAW-Konvertierung ist das freie Programm *DCRAW* gut geeignet, weil es die Ausgaben der Kamera unverändert überträgt.

- **Ausführen der RAW-Konvertierung:** Einstellung ohne Weißabgleich und Bayer-Interpolation (Non-Demosaiced)

- **Speichern der Bilder als 16-Bit .tif**

- **Bildausschnitte erstellen:** Öffnen Sie jedes Einzelbildes und beschneiden Sie es auf einen Ausschnitt von 200 x 200 Pixeln aus dem Bildzentrum. Dies sind 40 000 Pixel und so beträgt die Genauigkeit der Berechnungen Quadratwurzel aus 2/Anzahl der Pixel = 0,35 %

- **Ermittlung des durchschnittlichen Datenwerts:** Öffnen Sie ein Bildpaar aus einem der beiden Grünkanäle (oder, wenn gewünscht, aus jedem Kanal) derselben Belichtungs- und ISO-Stufe und entnehmen Sie dem Histogramm den durchschnittlichen Datenwert (auch Data Number/DN oder Analog-to-Digital Number/ADU). Bei Canon-Kameras müssen Sie noch den Bias-Offset subtrahieren, um die richtige Angabe für die durchschnittliche Signalstärke zu erhalten.

Stichwort Bias-Offset: Canon fügt dem Signal vor der Quantisierung eine konstante Spannung hinzu, um den Wert in jedem Fall über null zu halten. Ohne dies würden negative Werte bei der Quantisierung zu null werden, denn die Ausgabe des A/D-Wandlers ist ein positiver Integerwert. Durch den Kunstgriff wird das volle Rauschspektrum erhalten und so wird es einfacher, dies zu anlysieren und entfernen. Den Bias-Wert ermitteln Sie wie folgt: Nehmen Sie zwei Dunkelbilder, also Aufnahmen

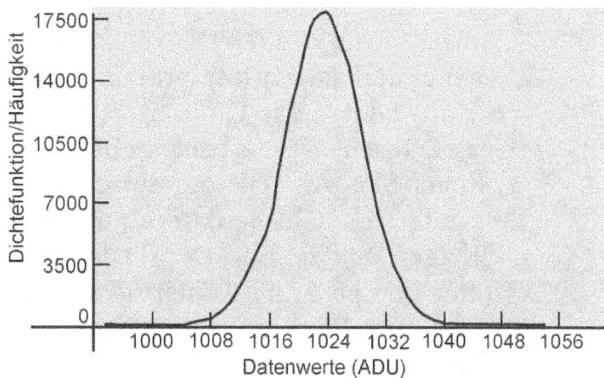

Abb. 37: Histogramm Canon Dunkelbild
Histogramm eines Dunkelbildes einer Canon 40D. Die Spitze der Kurve beim Datenwert 1024 markiert den vor der Quantisierung hinzugefügten Offsetwert.

ohne angesetzte Optik aber mit aufgesetztem Gehäusedeckel, bei kürzestmöglicher Belichtungszeit auf.

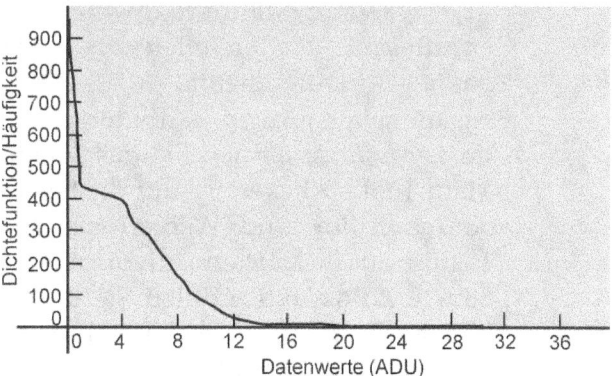

Abb. 38: Histogramm Nikon Dunkelbild
Histogramm eines Dunkelbildes einer Nikon D300. Im Gegensatz zur Canon werden hier alle negativen Spannungswerte auf den Datenwert 0 geclippt, was sich in der Histogramm-Spitze am linken Rand zeigt. Im Ergebnis wird das Ausleserauschen damit unterschätzt.

Kontrast in der Photographie

Am besten unter einer Decke, um jeden Lichteinfall zu verhindern. Erstellen Sie aus beiden das Differenzbild, wie im nächsten Absatz beschrieben und öffnen Sie das Histogrammfenster. Es zeigt eine Glockenkurve mit einer einzigen Spitze an. Der Datenwert unter dieser Spitze entspricht dem Bias-Offset. Für die Canon 40D und die 1D3s beträgt der Bias-Wert z.B. 1024 DN. Nikon fügt dem Signal keinen solchen Offset hinzu. So verschiebt sich das Histogramm mit sinkender Belichtungszeit in eine Spitze am linken Rand, weil Spannungswerte < null auf den quantisierten RAW-Wert null geclippt werden.

- **Die Standardabweichung ermitteln:** Erstellen Sie das Differenzbild jedes zusammengehörigen Bilderpaares (in *ImagesPlus*: Öffnen Sie das Image Math Tool – Klicken Sie auf die Select Source 1 Box und Wählen Sie das 1. Bild aus – Klicken auf die Select Source 2 Box und Wählen Sie das 2. Bild aus – Klicken Sie auf Subtract, um das Differenzbild zu erstellen). Prüfen Sie anhand des Histogramms, ob der Minimalwert größer als 0 ist. Ist dies nicht der Fall, geben Sie für den Wert der 2. Quelle eine Zugabe ein, damit die Subtraktion keinen negativen Wert ergibt (z.B. 5000). Durch die Subtraktion werden alle fixen Rauscharten eliminiert.

Wenn Sie Daten inklusive Festmusterrauschen wünschen, müssen Sie die Standardabweichung vor der Differenzbildung ermitteln. Das Problem an der Verwendung eines Einzelbildes ist allerdings, daß die Variation der Intensität über das Bildfeld, hervorgerufen durch Kontrastunterschiede und Vignettierung, die Daten vor allem in den höheren Belichtungsstufen unscharf werden läßt. Hinzu kommt, daß die fixen Rauschanteile selbst zwischen Kameras desselben Typs sehr unterschiedlich ausfallen.

Entnehmen Sie dann dem Histogramm den Wert der Standardabweichung. Er entspricht der Kombination aus Ausleserauschen und Photonenrauschen. Die angegebene Standardabweichung stellt den Rauschwert für beide Bilder dar. Um den Rauschwert für ein Bild zu ermitteln, Dividieren Sie den Wert der Standardabweichung durch die Quadratwurzel aus 2 = 1,4142.

Nun haben Sie Daten für die Belichtungszeit in Sekunden und die durchschnittliche Signalstärke sowie die Standardabweichung in Datenwerten. Die Werte tragen Sie am zweckmäßigsten in eine Tabellenkalkulation ein, die Sie um zwei zusätzliche

Tabelle 1				
Belichtungszeit Sekunden	$\log_2$ Belichtungszeit	Durchschnittl. Datenwert	$\log_2$ durchschnittl. Datenwert	Standard-abweichung
0,333	-1,585	15438,3	13,91	54,999
0,250	-2,000	12038,3	13,55	49,787
0,200	-2,322	9633,4	13,23	48,500
0,166	-2,585	7658,8	12,90	43,271
0,077	-3,700	3841,9	11,91	31,015
0,040	-4,644	1893,0	10,89	22,199
0,020	-5,644	967,2	9,92	15,782
0,010	-6,644	480,3	8,91	11,525
0,005	-7,644	225,8	7,82	8,641

Spalten erweitern in denen Sie den $\log_2$ der Belichtungszeit und den $\log_2$ der durchschnittlichen Datenwerte eintragen. Viele Taschenrechner berechnen nur den natürlichen Logarithmus, also den zur Basis 10. Wir wollen hier aber wissen, mit welcher Zahl wir 2 potenzieren müssen, um den Ausgangswert X zu erhalten. Das geht so:

$$\ln(X)/\ln(2)$$

Für den log2 von 1000 gilt also

$$\ln(1000)/\ln(2) = 9,965784285$$
$$Denn\; 2^{9,965784285} = 1000$$

Ihre Tabelle sieht dann so aus, wie der vorstehende Auszug (Tab. 1).

Um das Kontrastverhalten des Sensors zu visualisieren, lassen Sie die Tabellenkalkulation die durchschnittlichen Datenwerte für jede Belichtungsstufe in einem Diagramm mit logarithmischer Achsteilung darstellen. Dies können Sie für alle drei Farbkanäle tun oder sich auf den aussagekräftigsten Grünkanal beschränken. Heraus kommen Kurven wie in Abb. 39 auf der nächsten Seite.

Den Kurven können wir entnehmen, daß elektronische Bildträger (CCD- und CMOS-Chips) im Gegensatz zu den AgX-Pendants, deren Dichtekurven aufgrund gewisser Bedingungen bei der Entwicklung nichtlineare Bereiche aufweisen, eine über den nutzbaren Bereich hinweg durchgängig li-

Kontrast in der Photographie

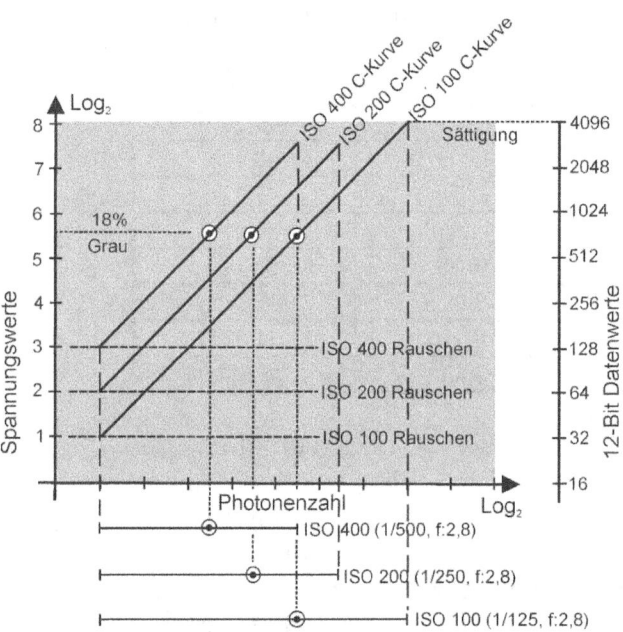

Abb. 39: Schematische CCD-Charakteristik-Kurven
Die schematischen Charakteristik-Kurven eines elektronischen Bildträgers setzen die einfallenden Photonen und die akkumulierte Spannung in Beziehung zueinander. Ein augenfälliger Unterschied zum Silberfilm ist der auf logarithmischer Achsteilung lineare Verlauf der C-Kurven. In Bezug auf das Rauschen ist festzustellen, dass es mit der Empfindlichkeit zunimmt. Diesem Verhalten liegt der folgende Zusammenhang zu Grunde: Mit jeder Verdoppelung der Empfindlichkeit reduziert sich die Anzahl der aufgenommenen Photonen und damit die Signalstärke. Damit das wichtige mittlere Grau trotzdem auf denselben Spannungs- bzw. Datenwert fällt, muss die Spannung verstärkt werden. Dies führt zur Zunahme des Rauchens und zur Verminderung des Signal-Rausch-Verhältnisses.

neare Charakteristik besitzen. Das liegt daran, daß das Silizium im durchschnittlichen Verhältnis von 2:1 mit der Abgabe von Elektronen auf Lichteinfall reagiert. Diese Linearität – eine doppelt so starke Belichtung wird zu einer doppelt so großen Spannung und nach der Quantisierung zu einem doppelt so hohen Datenwert – stellt uns allerdings vor Probleme. Denn unser visuelles System verarbeitet die Helligkeitsunterschiede quasi logarithmisch, wie wir im Abschnitt „Die Mindestgröße der Helligkeitsunterschiede" erfahren haben. Dieser grundlegende Unterschied ist es, der in der Praxis immer wieder für Konfusion und Mißverständnisse sorgt. Um aus digitalen Daten Bilder zu machen, die uns „richtig" erscheinen, muss er korrigiert werden. Wie das geschieht, zeigen die folgenden Abschnitte zur Gammakorrektur.

Noch etwas, daß wir aus der Charakteristikkurve in Abb. 39 lesen können: Ihr linearer Verlauf führt an beiden Enden schnurstracks in den Bereich der Unter- beziehungsweise Überbelichtung. Es gibt keinen fließenden Übergang von Weiß über Hellgrau und Dunkelgrau zu Schwarz, wie beim Silberfilm, sondern die Lichtwerte jenseits des Empfindlichkeitsbereichs werden gnadenlos abgeschnitten. So entstehen schlagartig ausfressende Lichter oder tintenschwarz zugelaufene Schatten. In diesen weißen oder schwarzen Partien ist überhaupt keine Information mehr enthalten, so daß man auch später nichts mehr herauskitzeln kann. Beim Silberfilm können dagegen Bildbereiche, die im Schwarz oder Weiß versinken, sichtbar gemacht werden, indem man sie beim Vergrößern durch Abwedeln oder Nachbelichten entsprechend berücksichtigt. Die zu hellen Bereiche haben darüber hinaus noch die unschöne Tendenz, zu überstrahlen und auch benachbarte Bildbereiche mit ins Weiß zu ziehen (Blooming). Da dieses ruckartige Abreißen in hellen Bereichen stärker ins Auge fällt (zum Beispiel durch strukturlose Partien in Wolken) als der Verlust im Schattenbereich, sollten Sie bei digitalen Kameras das Hauptaugenmerk eher auf die Belichtung der Lichter legen. Hilfreich ist dazu die hervorgehobene Anzeige des **Clippings**, also der Bereiche, die Reinweiß werden. Manche Digitalkameras lassen dazu diese Bereiche bei der Wiedergabe des eben photographierten Bildes abwechselnd schwarz und weiß blinken. Darüber hinaus gibt auch das **Histogramm** Auskunft über die Verteilung der Helligkeit (siehe „Belichtungsbestimmung für digitale Aufnahmesysteme").

Der Dynamikbereich elektronischer Bildträger und welche Faktoren ihn begrenzen

Am Anfang dieses Abschnitts haben wir festgestellt, daß der Dynamikbereich eines Bildträgers jener Abschnitt der Charakteristik-Kurve ist, in dem die Belichtung in ausreichend getrennte Tonwerte umgesetzt wird. Begrenz wird er vom Minimal- bzw. Maximalpunkt. Übertragen auf die Charakteristik-Kurve eines digitalen Aufnahmesystems, liegen die Grenzen des Dynamikbereichs im **Ausleserauschen** auf der Seite der geringen Belichtung (jener Punkt, den die Belichtung größenmäßig überspringen muss, um eine Spur zu hinterlassen) und dem **Maximalsignal** auf der Seite der starken Belichtung (jener Punkt, ab dem eine zusätzliche Belichtung keine Spur mehr hinterläßt). Beide Größen werden in Elektronen bestimmt. Dies ist die Definition des technischen Dynamikbereichs und dieser Zusatz ist wichtig, denn was eine Kamera in dieser Hinsicht leisten kann, wird regelmäßig an unterschiedlichen Pflöcken festgezurrt.

Kontrast in der Photographie

Die untere Grenze des Dynamikbereichs - Rauschen

Jeder Sensor produziert aufgrund thermischer Einwirkung eine ungewollte Anregung der Elektronen, das sogenannte **Rauschen**. Dies ist ganz allgemein der unerwünschte, nicht originär zum Ursprung gehörende Teil eines akustischen oder elektromagnetischen Signals. Isoliert man diesen Teil und macht ihn über einen Lautsprecher hörbar, so legt

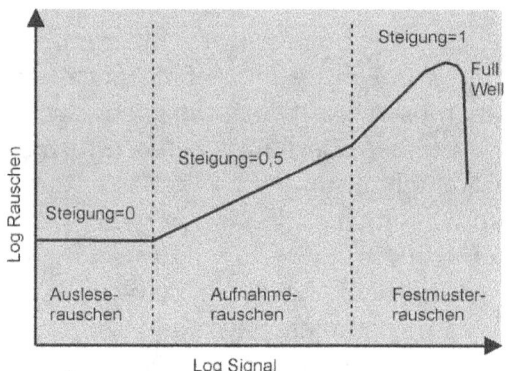

Abb. 40: Photonen Transfer Funktion

Rauschen entsteht durch ungewollte elektrische Aktivität und ist daher unvermeidbarer Teil jeder elektronischen Datenverarbeitung, also auch der digitalen Photographie.

das zu vernehmende Geräusch die Namensgebung „Rauschen" für das Phänomen sehr nahe. Nachdem Walter Schotty das Rauschen erstmals 1918 als messbare Stromschwankung beschrieben hatte, ist es den Wissenschaften gelungen zahlreiche physikalische Rauscharten zu entdecken. Viele von ihnen werden auch heute noch intensiv untersucht. Quantitativ wird das Rauschen als Störungsanteil am Nutzsignal erfasst und im sogenannten **Signal-Rausch-Verhältnis** (auch Rauschabstand oder Signal-to-Noise Ratio, SNR, S/N. Berechnung ganz einfach Signalstärke/Rauschen) ausgedrückt. Da die elektronische Aufnahmetechnik aus einer Vielzahl unterschiedlicher Bauelemente zusammengesetzt ist, nimmt es nicht Wunder, daß auch die Digitalphotographie unter dem elektrischen Rauschen leidet. Für die Analyse eines elektronischen Aufnahmesystems spielen die Rauscharten **Ausleserauschen**, **Aufnahmerauschen** und **Festmusterrauschen** die größte Rolle. Sie verteilen sich auf die Charakteristik des Systems, wie in Abb. 40.

Ausleserauschen Zum Ausleserauschen (auch Read Noise) werden in der Regel das Rauschen der Ausleseeinheit der Pixel (für sich allein genommen ebenfalls als Ausleserauschen bezeichnet, um für mehr Verwirrung zu sorgen), das Rauschen

Der Dynamikbereich elektronischer Bildträger
Die untere Grenze des Dynamikbereichs – Rauschen

des nachgeschalteten Spannungsverstärkers und das Rauschen des A/D-Wandlers zusammengefaßt. Es repräsentiert in Analogie zu dem flachen Bereich in der Photonen Transfer Kurve quasi die untere Grenze des nutzbaren Bereichs auf der Charakteristik-Kurve, die erst durch genügend starke Belichtung überwunden werden muss. Daher kann man es sich auch als Rauschteppich denken. Bezogen auf den Silberfilm wäre dies die Grunddichte.

Folgende Komponenten spielen eine Rolle. Zunächst ist da der Umstand, daß die Pixel nicht alle gleichzeitig ausgelesen werden. Die am unteren Rand kommen geringfügig später an die Reihe als die am oberen Rand und weisen aus diesem Grund einen etwas höheren Pixelwert auf. Dann gibt es bei der Wandlung des (analogen) Spannungswerts der Pixel in den (digitalen) Binärwert eine Schwankungsbreite oder „Unsicherheit". Denn die Wandlung desselben Spannungswerts wird nicht nicht jedes Mal denselben Binärwert ergeben. Zuletzt tragen der Sensor und der A/D-Wandler zusätzliche zufällige Signale ein, die zusammen mit dem Spannungswert quantisiert werden. Aus diesen Gründen ist das Ausleserauschen stark kameraabhängig.

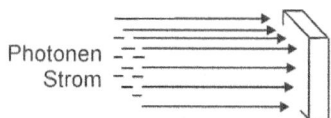

Kleines Pixel, typisch für digitale Sucherkameras
Pixelgröße 4 μm x 4 μm
4 x 4 = 16 Photonen aufgefangen
Rauschen = Quadratwurzel aus 16 = 4
Signal-Rausch-Verhältnis = 16 / 4 = 4

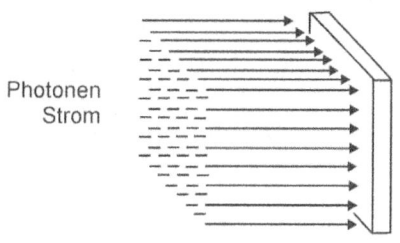

Großes Pixel, typisch für digitale Spiegelreflexkameras
Pixelgröße 8 μm x 8 μm
8 x 8 = 64 Photonen aufgefangen
Rauschen = Quadratwurzel aus 64 = 8
Signal-Rausch-Verhältnis = 64 / 8 = 8

Abb. 41: Pixelgröße und Rauschen

Aufnahmerauschen Das Aufnahmerauschen (auch Photonenrauschen oder Shot Noise) ist eine Rauschart, die vom Bildsignal selbst erzeugt wird, weil die meisten Lichtquellen Photonen in zufälliger Verteilung aussenden. Aus diesem Grund kann es nicht vermieden oder entfernt werden und setzt die absolute Grenze dessen, was an Rauschfreiheit erreichbar ist. Die damit verbundene Statistik sagt, daß die Unsicherheit in der Anzahl der Photonen einer Probe (das Rauschen) der Quadratwurzel ihrer Gesamtzahl entspricht. In Abb. 41 er-

Kontrast in der Photographie

kennen wir diesen Zusammenhang für einen Sensor mit 4 μm x 4 μm Pixeln und einen mit 8 μm x 8 μm Pixeln. Der erste empfängt 4 x4 = 16 Photonen mit einem Rauschanteil von √16 = 4 Photonen. Seine SNR beträgt demzufolge 16/4 = 4. Der zweite Sensor empfängt 16 x16 = 64 Photonen mit einem Rauschanteil von √64 = 8 Photonen. Hier beträgt das Signal-Rausch-Verhältnis 64/8 = 8. Mit doppelter Pixelgröße hat sich das Signal-Rausch-Verhältnis also ebenfalls verdoppelt.

Festmusterrauschen Das Festmusterrauschen entsteht durch Empfindlichkeitsschwankungen zwischen den einzelnen Pixeln. Es wird meist mit dem Begriff Photo Response Non Uniformity (PRNU) bezeichnet und ist direkt proportional zur Stärke des Eingangssignals. Aus diesem Grund weist die Photonen Transfer Kurve in diesem Bereich eine Steigung von 1 auf. Mit Hilfe eines Referenzbildes (Flat Field Image), welches man durch die Differenzbildung zweier oder mehrerer Aufnahmen derselben Belichtungszeit und ISO-Einstellung gewinnt, kann diese Rauschart weitgehend ausgeschaltet werden.

Zufallsmusterrauschen Charakteristisch für das Zufallsmusterrauschen sind Schwankungen in der Helligkeit und Farbigkeit über und unter der tatsächlichen Intensität. Aus diesem Grund wird es nach **Luminanzrauschen** (Helligkeitsrauschen) und **Chrominanzrauschen** (Farbrauschen) unterschieden. Luminanzrauschen wird als Fleckenmuster aus helleren und dunkleren Bereichen sichtbar und ähnelt daher stark der vom Silberfilm bekannten Körnigkeit. Chrominanzrauschen erscheint in Form von farbigen Klecksen (häufig magenta oder grün), die das Bild wie kleine Tintenflecke überziehen. Es wird gern als „*das typische digitale Rauschen*" bezeichnet. Trotz der hohen Empfindlichkeit unseres visuellen Systems für Helligkeitsschwankungen erscheint das Farbrauschen den meisten Betrachtern als sehr viel störender. Glücklicherweise leiden digitale Spiegelreflexkameras heute mehr unter Luminanzrauschen als unter Chrominanzrauschen und zeigen ihre Aufnahmen doch einmal das auffälligere Farbrauschen, so ist es weit weniger ausgeprägt als bei Point-and-Shot Kameras aus dem Consumerbereich.

Dunkelrauschen Das Dunkelrauschen (auch Dark Current) entsteht, weil die Pixel des Bildsensors nicht nur auf das einfallende Licht, sondern auch auf thermische Einflüsse reagieren. Dies sind zum einen die Umgebungstemperatur und zum anderen die Wärmeentwicklung der Kamera während des Betriebs. Auf diese Temperatureinflüsse sprechen die einzelnen Pixel unterschiedlich stark an. Das Dunkelrauschen macht sich vor allem auf Bildern mit geringem Kontrast und langer Belichtungszeit unangenehm bemerkbar, denn es steigt proportional zur Belichtungszeit an. Es kann fast vollständig ausgelöscht werden, indem die Kameraelektronik automatisch ein Dunkelbild, welches das exakte Rauschmuster aufweist, von der tatsächlichen Aufnahme subtrahiert. Extrem hochwertige Aufnahmesensoren im Bereich der Astrophotographie werden mittels Pelletierelementen aktiv gekühlt. Die Kühlung um 7° C halbiert das Dunkelrauschen.

Die obere Grenze des Dynamikbereichs - Die maximale Signalstärke

Die Signalstärke ist direkt von der Stärke der Belichtung abhängig, denn je mehr Photonen auf den Sensor einwirken, umso mehr Elektronen setzt dieser frei. Die Belichtungsstärke ist wiederum abhängig von der eingestellten Empfindlichkeit (ISO-Wert), denn mit jeder Verdoppelung der Empfindlichkeit müssen wir die Belichtung halbieren, um ein korrekt belichtetes Bild zu erhalten. Indirekt spielt darüber hinaus noch ein weiterer Faktor eine Rolle, nämlich die Anzahl der Elektronen, die ein Pixel speichern kann, seine sogenannte **Full Well Capacity**.

Die Full Well Capacity ist im Prinzip eine Funktion der Pixelfläche und liegt zwischen 800 und 1600 Elektronen pro μm^2

Empfindlichkeitseinstellung Ein CCD- oder CMOS Chip besitzt in Wirklichkeit nur eine einzige fixe Empfindlichkeit. Wenn wir den ISO-Wert verändern, tut die Elektronik zwei Dinge: Sie verändert den Faktor, um den der Ausleseverstärker zwischen Chip und A/D-Wandler die Spannung verstärkt (ist für unsere Betrachtung hier uninteressant) und sie verändert den Faktor, mit dem der A/D-Wandler die Elektronen in Datenwerte verwandelt (ist für unsere Betrachtung hier sehr interessant). Beide Werte werden als „Gain" bezeichnet und um den zweiten vom ersten abzugrenzen, denken wir ihn uns besser als Konversionsfaktor. Nichtsdestoweniger ist er in der Regel gemeint, wenn Sie im Web oder sonstwo von „Gain" lesen. Verdoppeln wir die Empfindlichkeit, so halbiert sich der Konversionsfaktor und umgekehrt. Diese Anpassung ist der entscheidende Punkt. Sie ist zu verstehen, wenn wir uns kurz vor Augen führen, in welchem

Kontrast in der Photographie

Zusammenhang Belichtung und Empfindlichkeit stehen.

Die Änderung der Empfindlichkeit bedeutet grundsätzlich, daß eine im Vergleich stärkere Belichtung nötig bzw. eine im Vergleich geringere Belichtung ausreichend ist, um einen bestimmten Referenztonwert zu erzeugen. Bei ISO 200 muss der Bildträger also im Vergleich zu ISO 100 nur halb so stark belichtet werden, um dieselbe Schwärzung aufzuweisen (wenn wir uns das in diesem digitalen Abschnitt mal in der analogen Ausdrucksweise vorstellen). Umgekehrt ist die doppelte Belichtung notwendig. Dieser reziproke Zusammenhang zwischen Belichtung und Empfindlichkeit offenbart sich mathematisch im folgenden Ausdruck, wobei H die zum Erreichen des vorgegebenen Tonwerts notwendige Belichtung in Lux-Sekunden ist:

$$Empfindlichkeit = \frac{1}{H}$$

Höhere ISO-Werte machen den Sensor also nicht empfindlicher, führen durch den reziproken Zusammenhang zwischen Empfindlichkeit und Belichtungsstärke aber zu immer geringerer Signalstärke. Damit diese geringere Signalstärke nach der Quantisierung immer noch zu demselben Datenwert/Tonwert führt, muss der Konversionsfaktor halbiert werden. Anders ausgedrückt wird die Empfindlichkeitssteigerung dadurch realisiert, daß weniger Elektronen notwendig sind, um einen Datenwert zu füllen: Bei ISO 100 besteht der Datenwert 1000 aus 13 020 Elektronen (1000*13,02 = 13 020), bei ISO 200 besteht derselbe Datenwert aus 6510 Elektronen (1000*6,51 = 6510).

Full Well Capacity Am oberen Ende des Dynamikbereichs haben wir es mit einer starken Belichtung und viel Licht zu tun. Viel Licht bedeutet aber, daß der Halbleiter eine große Anzahl Elektronen freisetzt, die vor der eigentlichen Digitalisierung der Information in den nachgeschalteten Recheneinheiten zwischengespeichert werden müssen. Das geschieht in den direkt an die Pixel gekoppelten Kondensatoren. Ihre Kapazität bestimmt darüber, welche Lichtintensität die Technik in einer Belichtung maximal integrieren kann und sie wird als **Full Well Capacity** bezeichnet. Problem erkannt, Problem gebannt! – Wenn wir den Dynamikbereich nach oben erweitern wollen, brauchen wir also nur den Kondensator entsprechend zu vergrößern!? Um es einmal mit *Radio Erewan* zu sagen: „*Im Prinzip schon, aber ...*". Leider geht diese einfache Gleichung nur bis zu einer bestimmten

Größe auf, denn aufgrund technischer Beschränkungen der Schichtanzahl in der Produktion integrierter Schaltungen ist die Größe des Kondensators direkt proportional zur Fläche des Pixels. Nun werden Sie vielleicht einwenden, daß die Pixelfläche die Größe des Kondensators nur in zwei Dimensionen (Länge x Breite) beschreibt und man ihn deshalb doch einfach tiefer fabrizieren könnte. Leider stehen dem zwei Gründe entgegen. Zum einen würde damit das Kurzschlussrisiko zwischen benachbarten Pixeln steigen. Zum anderen würden vertikal größer (tiefer) ausgelegte Kondensatoren das einfallende Licht blockieren. Sensoren, die diesen Umstand durch die Belichtung von der Rückseite her umgehen, sind erst seit 2010 im Massenmarkt verfügbar.

Ermittlung des Dynamikbereichs

An der x-Achse der zuvor ermittelten Charakteristik-Kurven (Abb. 39) können Sie den Dynamikbereich schon ablesen, und es wird deutlich, daß er sich mit zunehmender Empfindlichkeit verringert. Warum das so ist, wird deutlich, wenn wir die entsprechenden Werte dezidiert ermitteln und in eine Tabelle eintragen. Dazu berechnen wir anhand der nachstehenden Vorgehensweise die noch fehlenden Werte aus den schon vorhandenen. Es ist ausreichend, dies in jeder ISO-Stufe für den Grünkanal zu tun. In der zuvor erstellten Tabelle liegen alle Größen in Datenwerten vor. Um den Dynamikbereich zu ermitteln, brauchen wir sie in Elektronen und die Umrechnung zwischen beiden erfolgt mit dem Konversionsfaktor (Gain). Zudem benötigen wir das Ausleserauschen. Die eingangs ermittelte Standardabweichung repräsentiert ja die Kombination aus Ausleserauschen und Aufnahmerauschen. Beide Werte, Gain und Ausleserauschen, werden wie folgt ermittelt:

- **Konvertieren der durchschnittlichen Datenwerte und Standardabweichungen:** Je nach Kamera müssen Sie eine Anpassung an die Bitbreite des A/D-Wandlers vornehmen, damit sich aus den RAW-Daten die richtigen Werte in Elektronen ergeben. Wenn Ihr Modell mit 12-Bit quantisiert, müssen Sie die Werte durch 16 dividieren. Bei 14-Bit müssen durch 4 dividieren. Am zweckmäßigsten wird die weiter oben erstellte Tabelle also um zwei weitere Spalten erweitert.

- **Ermittlung von Konversionsfaktor (Gain) und Ausleserauschen:** Lassen Sie die

Kontrast in der Photographie

Tabellenkalkulation für jeden ISO-Wert und jede Belichtungsstufe das Quadrat der Standardabweichung gegen den durchschnittlichen Datenwert in einem Diagramm mit logarithmischer Achsteilung abtragen. Drucken Sie die Darstellung aus und verbinden Sie die Punkte mit einer so exakt wie möglich passenden Geraden. Die Steigung (Gammawert) dieser Geraden ist der inverse Wert des Gain. Dort, wo die Gerade die y-Achse schneidet, kann das Quadrat des Ausleserauschens abgelesen werden (Abb. 42).

• **Ermittlung von Maximalsignal und Ausleserauschen in Elektronen:** Den maximalen Datenwert und das Ausleserauschen in jeder ISO-Stufe mit dem Gain multiplizieren, um beide Werte in Elektronen zu ermitteln.

• **Ermittlung des Dynamikbereichs:** Das Maximalsignal durch das Ausleserauschen dividieren, um den linearen Dynamikbereich zu ermitteln und dann den Log_2 dieses Werts berechnen. Dies ist der Dynamikbereich in Belichtungsstufen

Für zwei Kameras mit unterschiedlich großen Pixeln ergeben sich so die Werte in den Tabellen auf der folgenden Seite. An Ihnen können wir klar sehen, daß sich der Dynamikbereich verringert, weil sich die in Elektronen angegebenen Größen Maximalsignal und Ausleserauschen, als deren Verhältnis er definiert ist, mit jeder ISO-Steigerung verringern. Aus dem Zusammenhang geht aber auch hervor, daß wir den Dynamikbereich in den Lichtern verlieren: Weil bei höheren Empfindlichkeiten weniger Elektronen auf einen Datenwert entfallen als bei niedrigen, reichen die bei beispielsweise der 12-Bit Quantisierung bereitgestellten 4096 Datenwerte, um bei ISO 100 53300 Elektronen unterzubringen (4096*13,02=53300). Bei ISO 200 passen aber nur noch 26665 Elektronen in diesen Bereich (4096*6,51=26665). Größere Signalstärke meint größere Helligkeit, aber bei ISO 200 werden alle Helligkeiten oberhalb des rechnerischen Maximalsignals abgeschnitten (geclippt).

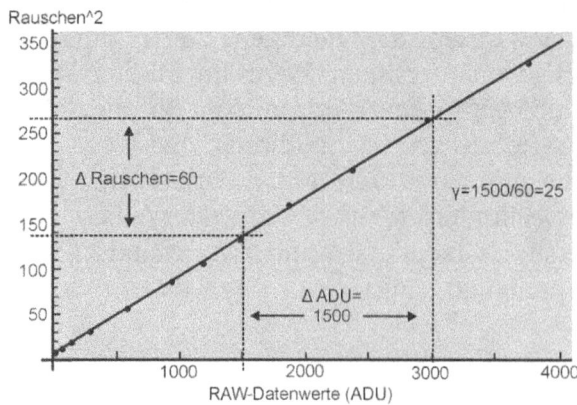

Abb. 42: Gain und Ausleserauschen

Der Dynamikbereich elektronischer Bildträger
Ermittlung des Dynamikbereichs

Tabelle 3-2 Ermittelte Werte für die Canon EOS 1D Mark II, 8,2 μm Pixelabstand

ISO	Konversionsfaktor (Gain, Elektronen pro Datenwert)	Maximalsignal in Elektronen	Ausleserauschen in Elektronen	Dynamikbereich linear	Dynamikbereich, Belichtungsstufen	Maximale SNR
100	13,02	53 000	16,61	3190	11,6	230
200	6,51	26 500	8,95	2960	11,5	163
400	3,25	13 200	5,56	2380	11,2	115
800	1,63	6 620	4,04	1640	10,7	81
1600	0,84	3 310	3,90	850	9,7	58
3200	0,41	1 650	3,93	420	8,7	41

Tabelle 3-3 Ermittelte Werte für die Canon S 70, 2,3 μm Pixelabstand

ISO	Konversionsfaktor (Gain, Elektronen pro Datenwert)	Maximalsignal in Elektronen	Ausleserauschen in Elektronen	Dynamikbereich linear	Dynamikbereich, Belichtungsstufen	Maximale SNR
50	2,06	8200	4,1	2000	11,0	91
100	1,03	4300	3,4	1260	10,3	66
200	0,51	2150	3,2	670	9,4	46
400	0,26	1080	4,3	250	8,0	3

Und weil wir hier schon einmal die Größen Aufnahmerauschen und Empfindlichkeit beisammen haben, wollen wir gleich noch den Zusammenhang zwischen beiden klären, der gern für Konfusion sorgt. Das Gesamtrauschen R kann gemäß der nachstehenden Formel modelliert werden:

$$R^2 = (R0)^2 + (G*R1)^2$$

Dabei ist R0 der Rauschanteil vor dem ISO-Verstärker und R1 der Rauschanteil nach dem ISO-Verstärker, dessen Verstärkungsfaktor der Wert G ist. Nach diesem Modell nimmt der Rauschanteil gemessen in digitalen Datenwerten mit jeder Empfindlichkeitssteigerung zu, weil sein Teilwert R1 mit einem immer größeren Faktor multipliziert wird. So weit, bis er in der höchsten ISO-Stufe beinahe ganz allein das volle Ausleserauschen darstellt.

Stellen wir das Rauschen dagegen in Elektronen dar, was ja seiner Eingangsgröße in Photoelektronen ent-

Kontrast in der Photographie

spricht, so ergibt sich ein anderes Bild. Die Umrechnung erfolgt durch die Multiplikation mit dem Konversionsfaktor $g=U/G$, wobei U eine Konstante ist (der so genannte Universal Gain) und G die ISO-Einstellung.

$$R_E^2 = [\, g * (R\ Datenwerte)\,]^2$$
$$R_E^2 = U^2 * (R0^2 + R1^2/G^2)$$

Nun wird der Rauschanteil $R1$ durch den ISO-Gain dividiert und schrumpft mit jeder Empfindlichkeitssteigerung. Der Anteil $R0$ bleibt dagegen konstant. In der Summe sinkt so das in Elektronen gemessene Gesamtausleserauschen, wenn der ISO-Wert erhöht wird. Dies Verhalten und der im Abschnitt „Empfindlichkeitseinstellung" beschriebene reziproke Zusammenhang zwischen Belichtungsstärke und ISO-Wert, der mit steigender Empfindlichkeit zu sinkender Signalstärke führt, erklären, warum sich die Größen Maximalsignal und Rauschteppich und damit der Dynamikbereich mit zunehmender Empfindlichkeit verringern.

Daraus leitet sich der der Intuition auf den ersten Blick widersprechende Schluß ab, daß es für das Signal-Rausch-Verhältnis das Beste ist, bei gegebener Zeit-Blenden-Kombination die höchstmögliche ISO-Einstel-

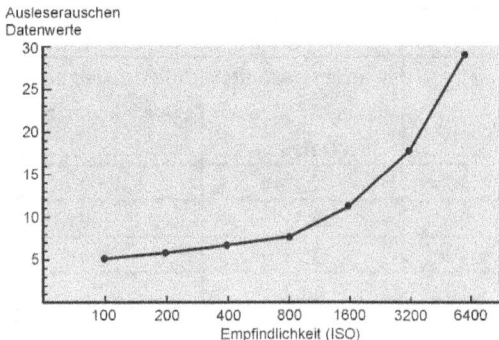

Abb. 43: Ausleserauschen in Datenwerten

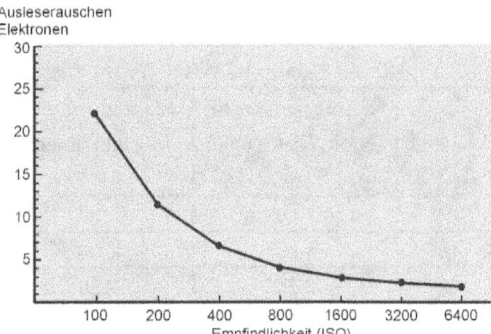

Abb. 44: Ausleserauschen in Elektronen

lung zu wählen, weil sie mit dem geringsten Ausleserauschen einhergeht. Diesen Gedankengang beleuchten wir umfassend im Abschnitt „Belichtungsbestimmung für digitale Aufnahmesysteme".

Sofern Sie alle verfügbaren ISO-Stufen, also auch die Drittelstufen 125-160-250-320-500-640-1000-1250, testen, werden Sie bei manchen Kameras (bevorzugt Canon-Modellen) feststellen, daß diese ein stärkeres Ausleserauschen aufweisen als die vollen Stufen 50-100-200-400-800-1600. Das liegt dann daran, daß diese Zwischenwerte anders generiert werden als die ganzen.

Bei den xxD und xxxD Modellen (30D, 40D, etc.) implementiert Canon die Zwischenwerte durch Software-Multiplikation. Bei ISO 125 steht die Elektronik also beispielsweise eigentlich auf ISO 100, bestimmt die Belichtung aber für den 1/3 höheren Wert (1/3 Stufe Unterbelichtung) und multipliziert die RAW-Werte dann mit 1,25. Damit steigt das Ausleserauschen ohne jeden weiteren Vorteil an. Bei ISO 160 geht es andersherum. Hier steht die Elektronik eigentlich auf ISO 200, bestimmt die Belichtung aber für den 1/3 geringeren Wert (1/3 Stufe Unterbelichtung) und dividiert die RAW-Werte dann durch 1,25. Damit wird das Ausleserauschen zwar reduziert, gleichzeitig geht aber auch 1/3 Stufe Spielraum in den Lichtern verloren. Dass dies so ist, geht aus den Histogrammen der RAW-Daten hervor. Sie weisen in den x1,25 Stufen Löcher auf, denn durch die Multiplikation bleiben 25 % der RAW-Werte frei. Bei den /1,25 Stufen sind dagegen Spitzen zu erkennen, denn die Division fügt aneinandergrenzende RAW-Werte zusammen.

Bei den xD Modellen (5D, 1D, etc.) erzielt Canon die Zwischenwerte mit Hilfe eines zweiten Spannungsverstärkers vor dem A/D-Wandler, der die Werte um die Faktoren 1,25 oder 1,6 verstärkt. Dieser Schritt fügt dem Signal zusätzliches Rauschen hinzu. Quantitativ ist die x1,25 Stellung in etwa so schlecht, wie die nächste volle ISO-Stufe. Die x1,6 Stufe weist sogar ein stärkeres Ausleserauschen auf als diese.

Die Moral dieser Geschichte lautet also, daß bei Kameramodellen, die dies Verhalten aufweisen, nur die vollen ISO-Stufen das jeweils geringste Ausleserauschen aufweisen und nur sie geeignet sind das beste Signal-Rausch-Verhältnis zu erzielen.

Ach ja. Wenn Sie nun am Ende meinen, daß man den Dynamikbereich auch ganz einfach dadurch bestimmen kann, daß man einen Graustufenkeil aufnimmt und die Belichtungsstufen abzählt, in denen Zeichnung zu erkennen ist, so haben Sie damit vollkommen recht. Aber eine so einfache, praktische Vorgehensweise enthüllt nichts über die Dinge die unter der Haube Ihrer Digitalkamera vorgehen. Aus diesem Grund ist sie zum echten Verständnis der Technik ungeeignet.

Kontrast in der Photographie

Nachschlag – Die Bitbreite der A/D-Wandlung und ihr Verhältnis zum Dynamikbereich

Bleibt noch anzumerken, daß die Bitbreite des A/D-Wandlers groß genug sein muss, um den Dynamikbereich des Sensors nicht zu beschneiden. Wie groß sie sein muss, läßt sich aus dem Verhältnis zwischen Full Well Capacity und Ausleserauschen ableiten. Sagen wir das System besitzt eine Speicherkapazität von 100000 Elektronen und weist ein Ausleserauschen von 100 Elektronen auf. Das beträgt das Verhältnis 100000/100 = 1000. In diesem Fall sollte die Digitalisierung mit 10-Bit erfolgen, denn dann stehen 1024 Stufen zur Verfügung (2^{10} = 1024). 8-Bit besitzen dagegen nur 256 Stufen.

Was passiert, wenn wir den Dynamikbereich mit einer zu geringen Bitbreite digitalisieren? Stellen wir uns folgende Situation vor: Wir nehmen ein Motiv mit einem Belichtungsumfang von genau 10 Belichtungsstufen auf. Die hellsten Details in den Lichtern sind also 1024x heller als die dunkelsten Details in den Schatten. Wir regeln die Belichtung exakt so, daß die hellste Stelle gerade den Sättigungswert des Sensors erreicht. Um weiter mit günstigen Zahlen zu rechnen, nehmen wir an das Aufnahmesystem weist ein Signal-Rausch-Verhältnis von 60db auf, so daß das Rauschniveau etwas weniger als 1/1000 des maximalen Ausgabewertes beträgt. Da das System linear arbeitet, beträgt der ausgegebene Spannungswert eines Pixels in den Schatten genau 1/1024 eines Pixels in den Lichtern. Der Verstärker ist so justiert, daß der Ausgabewert der hellsten Stelle 1,023 Volt und der der Dunkelsten folgerichtig fast genau 1 Millivolt beträgt. Wenn wir die so ausgegebenen Daten mit einem 8-Bit A/D-Wandler digitalisieren, wird der Ausgabewert von 1mV zu 0. Die Information dieses Schattenbereichs ist verloren, denn der Dynamikbereich ist durch den A/D-Wandler auf 8 Belichtungsstufen beschnitten worden. Diesen Verlust können wir an keiner Stelle der weiteren Bildbearbeitung wieder rückgängig machen! Ist der A/D-Wandler aber 10-Bit breit, so wird der Ausgabewert zu 1 und die Information bleibt erhalten. Mit 12-Bit würde er sogar 4 betragen und wir hätten in dieser niedrigsten Belichtungsstufe eine Abstufung erhalten. Allerdings würden wir auch das Rauschen feiner quantisieren und das kann von Nachteil sein.

Ist erstmal schwer nachzuvollziehen, was? Denn auf den ersten Blick könnte man meinen, daß die hellste- bzw. dunkelste Stelle nach der Digitalisierung erhalten

Die Bitbreite der A/D-Wandlung und ihr Verhältnis zum Dynamikbereich

bleibt und die Tonwerte dazwischen entsprechend der Bitbreite nur feiner oder gröber abgestuft werden. Aber der Zusammenhang ist wie folgt: Wir digitalisieren linear und so ist die Bildstelle des Wertes 255 auch 255x heller aus die des Wertes 1. Da eine Belichtungsstufe die Zunahme bzw. Verringerung der Lichtmenge um den Faktor 2 repräsentiert, haben wir nach der linearen 8-Bit Digitalisierung auch nur noch einen Dynamibereich von 8 Belichtungsstufen (wir erinnern uns an den Abschnitt „Die Mindestgröße der Helligkeitsunterschiede", in dem wir festgestellt haben, daß uns aufgrund der Eigenschaften unseres visuellen Systems nur eine Tonwertskala als „richtig" erscheint, wenn sich die Stufen um einen konstanten Faktor unterscheiden):

1. 255/2=128,
2. 128/2=64,
3. 64/2 = 32,
4. 32/2 = 16,
5. 16/2 = 8,
6. 8/2 = 4,
7. 4/2 = 2,
8. 2/2 = 1

Streng genommen sind es sogar nur 7 Belichtungsstufen, denn der Wert in der Untersten ist entweder 1 oder 0 und deshalb gibt es dort keine Abstufungen mehr. Aber das ist eine Frage der Definition des Dynamikbereichs.

Wir werden dies Beispiel im Abschnitt „Gammakorrektur" weiter verfolgen, um zu veranschaulichen, wie sich die Weiterverarbeitung praktisch auswirkt.

Praxisbetrachtung der Größen Dynamikbereich, Empfindlichkeit, Full Well Capacity und Pixelfläche

Nun verfügen wir über das nötige Wissen, um die Daten aus den Tabellen zum Dynamikbereich der Canon 1D Mark II und S70 umfassend zu interpretieren und, noch wichtiger, allgemeine Schlüsse für eine mögliche Kaufentscheidung zu ziehen.

Ein wichtiger Faktor in der Kameraleistung bei hohen Empfindlichkeiten ist die Fähigkeit ausreichend viel Licht einzufangen. Kleine Pixel haben genau damit ein Problem. Die direkte Auswirkung der Anzahl eingefangener Photonen ist der Konversionsfaktor, mit dem sie in Datenwerte verwandelt werden. Die Marke von 1 Elektron pro Datenwert wird als Unity Gain be-

Kontrast in der Photographie

zeichnet. Sobald der Konversionsfaktor darunter fällt, ist es sinnlos die Empfindlichkeit weiter zu erhöhen, denn das verringert den Dynamikbereich nur immer weiter, ohne daß ein schwächeres Signal aufgezeichnet wird. Bei der Kompaktkamera Canon S70 tritt Unity Gain bei rund ISO 100 ein. Bei der Vollformat DSLR Canon 1D Mark II dagegen erst bei gut ISO 1300. Das bedeutet, daß die Spiegelreflex 13 mal empfindlicher ist. Dieser Faktor findet sich auch in den Pixelgrößen wieder. Bei der S70 beträgt dieser 2,3 µm, bei der 1D MK II 8,2 µm. Das Verhältnis der daraus resultierenden Flächen ist (8,2*8,2)/(2,3/2,3) = 13.

Aus diesen Gründen stellen Dynamikbereich und Pixelmaß ein eng miteinander verbundenes Wertepaar dar. Seine Eckwerte leiten die Hersteller aus einem Kompromiss zwischen Signal-Rausch-Abstand auf der einen und allgemeiner Sensorgröße und Kosten auf der anderen Seite ab. Aber wie das bei Kompromissen halt ist, schmeckt eine solche Abwägung nicht immer jedem.

Die Größe der Pixel bzw. ihre Fläche ist also der Schlüssel zu einem großen Dynamikbereich und einem guten Signal-Rausch-Verhältnis. Je größer der Sensor ist, umso weiter können die einzelnen Pixel voneinander entfernt sein und mit zunehmender Entfer-

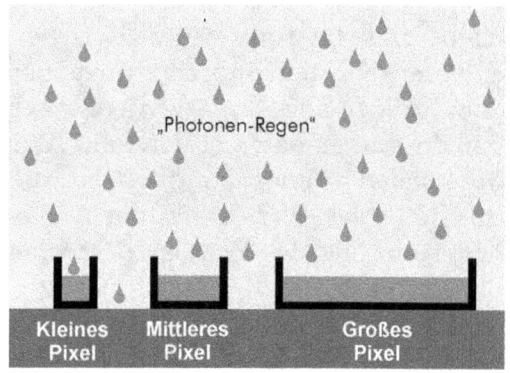

Abb. 45: Pixelgröße und Signalstärke

nung sinkt bis zu einer gewissen Optimaldistanz der Anteil der Leckströme zwischen ihnen und damit vermindert sich das Rauschen. Und je größer der Sensor ist, umso größer können auch die einzelnen Pixel sein. Das ist noch wichtiger, denn je größer ein Pixel ist, umso mehr Photonen kann er während einer gegebenen Belichtung einfangen. Mehr Photonen bedeuten bei gleichbleibendem Rauschpotential der Restelektronik ein größeres Nutzsignal und deswegen ein besseres Signal-Rausch-Verhältnis. So ergibt sich für Sensoren im vollen Kleinbildformat eine optimale Pixelgröße zwischen 8 und 9 µm.

Warum folgen die Hersteller der Maxime möglichst großer Pixel nicht bei allen Modellen? Heutzutage sind die Produzenten bestrebt eine möglichst große Anzahl an Pixeln pro Chip zu erreichen, um sich mit hohen Megapixel-Angaben schmücken zu können, die sich plakativer vermarkten lassen als ein gutes Signal-Rausch-Verhältnis mit dem nur wenige Gelegenheitsknipser etwas anzufangen wissen. Um dies zu erreichen, muss entweder der ganze Sensor wachsen oder die individuellen Pixel müssen kleiner werden. Schließlich entspricht die Sensorgröße der Pixelanzahl multipliziert mit deren Größe. Je größer die Sensoren, umso geringer ist aber die Ausbeute brauchbarer Exemplare in der Produktion und umso teurer wird die Herstellung. Des weiteren erfordert ein größerer Sensor auch eine größere Optik und ein allgemein größeres Kameragehäuse, das die potentiellen Käufer tendenziell weniger anspricht. Aus diesen Gründen sehen wir heute bei den digitalen Point-and-Shot Kameras bis zu 12 Millionen Pixel auf einem 1/1,8" Sensor, obwohl daraus Pixelgrößen weit unter 2 µm und alle damit verbundenen Nachteile resultieren. Am anderen Ende der Skala stehen digitale Spiegelreflexkameras mit Vollformat-Sensoren und Pixelgrößen zwischen 6 und 9 µm, die das theoretisch Mögliche nahezu ausnutzen.

Sofern Sie also beim Kauf einer Digitalkamera im Rahmen Ihrer Preis- und Ausstattungsvorstellung die Wahl haben zwischen zwei Modellen mit unterschiedlichen Sensorgrößen, sagen wir mal 5 Megapixel auf einem 1/2,5" Chip bei Modell A bzw. auf einem 1/1,8" Chip bei Modell B, sollten Sie die zuerst genannte Kamera wählen, da sie mit sehr hoher Wahrscheinlichkeit qualitativ bessere Aufnahmen liefert.

Die Forderung 0 im Digitalbereich

Am einfachsten werden wir der ganz am Anfang aufgestellten Prämisse gerecht, wenn wir gleich in der Kamera als **.jpeg** speichern. Dies Format ist das digitale Äquivalent zur Standardabstimmung der AgX-Bildträger und enthält neben der Gammakorrektur auch schon eine je nach Hersteller leicht unterschiedliche Tonwertkurve, die dafür sorgt, daß der Print alle oben aufgezählten Faktoren erfüllt und „gut" aussieht. Aber, um es mit dem Amerikaner zu sagen, *„as with all good things there is no free lunch"*. Der Nachteil liegt auf der Hand. Genauso wie der analoge Standardprozess nicht allen Motiven gerecht werden konnte, kann dies diese Methode. Ganz davon abgesehen, daß sie wertvollen Dynamikbereich verschenkt, ist eine Kurve zu wenig für alle Möglichkeiten.

Kontrast in der Photographie

Kompensation des Streulichts

Streulicht können wir uns, wie gesehen, als konstante Lichtmenge vorstellen, die das Bild in der Fokusebene überlagert. Bezogen auf die linearen Daten eines digitalen Aufnahmesystems führt dies zu einem angehobenen Schwarzpunkt und einer entsprechenden positiven Verschiebung aller anderen Pixelwerte. Graphisch dargestellt bewegt das Streulicht die Kurve in Abb. 46 im Gegensatz zu jener in Abb. 27 auf S. 45 im Ganzen nach oben, ohne ihre Form zu verändern. Um diesen Effekt auszugleichen, müssen wir einen konstanten Wert von allen Pixeln subtrahieren. Dies kann durch die Anpassung des Schwarzpunktes, des Histogramms, der Tonwertkurve oder der Helligkeit bzw. des Kontrasts geschehen. Um optimale Ergebnisse zu erzielen, sollte die Subtraktion durchgeführt werden so lange sich die Datenwerte des Bildes noch in linearer Anordnung befinden. Also vor der Gammakorrektur bzw. der Konvertierung in einen nichtlinearen Farbraum. – Mit einem beliebigen Bildbearbeitungsprogramm auf ein fertiges .tif oder .jpeg loszugehen, ist also nicht so gut. Die Manipulation von RAW-Daten im RAW-Konverter dagegen schon, denn solche Anwendungen zeigen zwar eine gammakorrigierte Vorschau – mehr zum Sinn der Gammakorrektur weiter unten – wenden ihre Berechnungen aber auf den linearen Datenbestand an. Aus diesem Grund führen gleichgroße Werteänderungen auch zu gleichgroßen Veränderungen in den Schatten und den Lichtern. Bei der Manipulation gammakorrigierter Daten ist dies nicht der Fall. Die Berechnung der Vorschau im RAW-Konverter braucht allerdings einen Moment (ist also nicht *real time*), da die Editierung erst in die Gammakorrektur umgerechnet werden muss, was einen ansehnlichen Berechnungsaufwand darstellt

In der Praxis ist die Korrektur eines 2 %igen Streulichtanteils ausreichend.

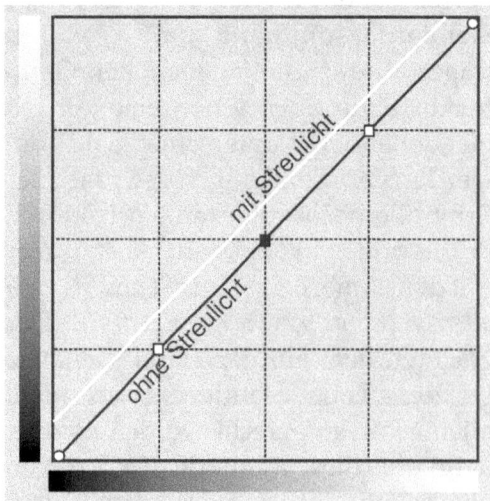

Abb. 46: Lineare Kurve zur Streulichtkompensation

Bei einem maximalen Pixelwert von 255 sollte der Schwarzpunkt also bei 255*0,2 = 5 liegen. – Erstaunlicherweise ist dies der Vorgabewert des Schwarzpunktes (Shadow Slider) in *Camera Raw* und jetzt wissen wir, warum das so ist! Auch wenn sich dieser Wert bewährt hat, ist es sinnvoll das Vorschaufenster zu beobachten, denn die optimale Einstellung hängt immer auch vom Bildinhalt ab. Mit der Heraufsetzung des Schwarzpunktes wird das Bild in der Regel lebhafter und gewinnt an Tiefe und Dreidimensionalität. Geht man aber zu weit und drückt zu viele Werte auf null (Clipping), werden die Schatten schnell unansehnlich.

Kompensation der Umgebungshelligkeit

Sofern die Bilder zu Prints aufbereitet werden, ist keine Kompensation der Umgebungshelligkeit notwendig. Und auch für den seltenen Fall, daß die Daten auf Umkehrmaterial zu Dias belichtet werden sollen, braucht man nichts zu tun, denn der Filmbelichter nimmt die nötige Korrektur selbständig vor.

Erhöhung der Bildqualität

Eine kalibrierte Arbeitsumgebung vorausgesetzt können wir uns zur Erhöhung der Bildqualität im Digitalbereich ganz auf unsere Augen verlassen und jede Korrektur sofort beurteilen – kein Ausprobieren mehr mit verschiedenen Gradation, wie im Nasslabor. Der Name des entsprechenden Werkzeugs ist schon gefallen. Die **Tonwertkurve** (oder **Gradationskurve**) ist das Mittel der Wahl. Sie ist das wohl mächtigste und flexibelste Bildbearbeitungswerkzeug, allerdings auch das für viele Photographen einschüchterndste. Genau wie die Charakteristik-Kurven jedem Silberfilm und -papier zu unverwechselbaren Eigenschaften verhelfen, tut dies auch die digitale Tonwertkurve,

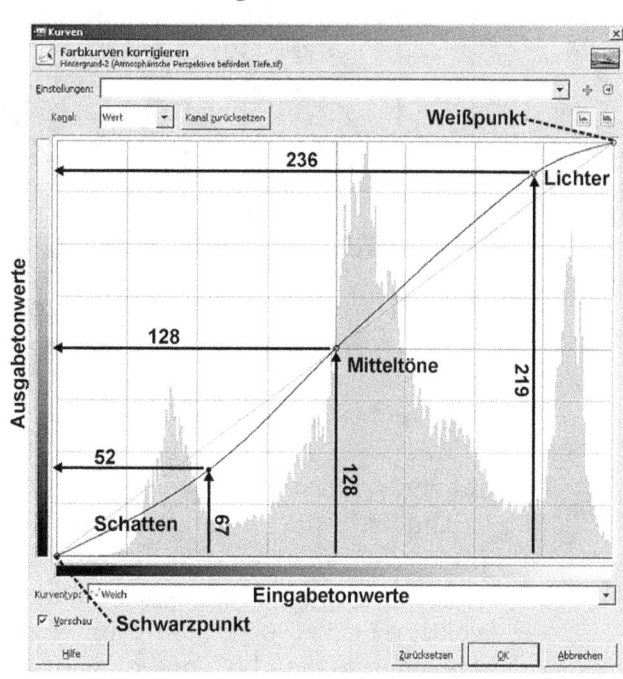

Abb. 47: Tonwertkurve

Kontrast in der Photographie

Abb. 48: Tonwertkurven und Bilder für die drei Fälle einer linearen Kurve (mitte), einer S-Kurve (links) und einer umgekehrten S-Kurve (rechts)

denn sie beeinflußt die zwei Hauptwirkungen des Lichts: die Tonwerte und den Kontrast.

Ähnlich der Tonwertkorrektur können Sie mit der Gradationskurvekurve Tonwerte herauspicken und selektiv strecken oder komprimieren. Allerdings bietet die Tonwertkorrektur nur die Kontrolle über Schwarz, Weiß und das mittlere Grau. Mit der Tonwertkurve herrschen Sie über bis zu 16 Punkte entlang der Kurve, die mittels Doppelklick eingefügt werden. Das Ergebnis einer Manipulation kann visualisiert werden, indem sie einen Eingabetonwert der waagerechten x-Achse senkrecht bis hinauf zur Kurve und dann nach links bis zum entsprechenden Ausgabetonwert auf der y-Achse verfolgen. Eine Diagonale durch die Mitte des Diagramms beläßt also alle Tonwerte unverändert. Und so lange wir keine Kurve mit negativer Steigung einführen behält jede Manipulation die globale Tonwerthierarchie bei. Tonwerte, die vor der Bearbeitung heller waren als andere, sind dies auch danach, wenn auch nicht unbedingt um denselben Betrag.

Wenn Sie in Abb. 47 zwei beliebige Tonwerte verfolgen, werden Sie feststellen, daß sich ihr Abstand vergrößert (sie gestreckt werden), wenn Sie die Kurve steiler stellen und verringert (sie komprimiert werden), wenn Sie sie umgekehrt abflachen. In Bezug auf den Kontrast bedeutet Strecken weniger Kontrast und komprimieren mehr Kontrast. Abb. 48 illustriert dies und zeigt die beiden meistverwendetsten Kurventypen: die **S-Kurve** und die **umgekehrte S-Kurve**. Die S-Kurve erhöht den Kontrast in den Mitteltönen auf Kosten der Lichter und Schatten, die umgekehrte S-Kurve tut das Gegenteil. Beachten Sie, wie diese Veränderungen das Bild beeinflussen: Mit der S-Kurve treten die Einzelheiten in den Mitteltönen deutlicher hervor, aber in den Lichtern und den Schatten gehen Details verloren. Für die umgekehrte S-Kurve gilt wie gesagt das Entgegengesetzte.

Damit ist ein wichtiges Stichwort gefallen: Die Erhöhung des Kontrastes in einem Bereich geht immer auf Kosten eines anderen. Das ist das wichtigste Konzept in Bezug auf die Tonwertkurve. Man kann den Kontrast eines Tonwertbereichs nicht erhöhen, ohne ihn gleichzeitig wo anders zu verringern. Alle Photos haben also quasi ein „Kontrast-Budget" das wir nicht überschreiten können und die Tonwertkurve verteilt den Kontrast innerhalb dieses Budgets nur um. Stellt sich die Frage, warum wir das tun sollen, wenn wir doch jede Manipulation irgendwo aufwiegen müssen. Darauf lassen sich zwei Antworten geben.

Unser Ziel ist es in diesem Arbeitsgang, das Bild „gut" aussehen zu lassen. Da der Kontrast der Mitteltöne wahrnehmungstechnisch am wichtigsten ist, erhöhen wir ihn dort ganz nach Geschmack so weit, bis das Bild gut aussieht. Genauso wie bei den meisten Silberfilmen und -papieren, dient uns dazu eine S-Kurve.

Die zweite Antwort hat etwas mit den Erfordernissen unserer Ausgabematerialien zu tun, denn die meisten Photos umfassen einen größeren Dynamikbereich, als wir auf Papier reproduzieren können. Mit der Tonwertkurve besitzen wir ein Mittel, um diesen begrenzten Dynamikbereich optimal auszunutzen und zu ent-

Kontrast in der Photographie

scheiden, wo wir die unausweichliche Komprimierung durchführen. Da der Kontrast der Mitteltöne angehoben werden muss, damit das Ergebnis akzeptabel wird, tragen die Schatten und die Lichter in der Regel die Hauptlast dieser Tonwert-Komprimierung.

In vielen Fällen genügen fünf Ankerpunkte in den Schatten, den Mitteltönen und den Lichtern plus Weißpunkt und Schwarzpunkt, um die notwendigen Korrekturen auszuführen. Beachten Sie, daß schon geringfügige Verschiebungen dieser Punkte zu deutlichen Veränderungen im Bild führen können. Abrupte Änderungen der Kurvensteigung führen ziemlich sicher zum Tonwertabriss (Posterization), weil sie die Tonwerte in Bereichen seichter Übergänge überstrecken. Aus diesem Grund sollten Sie parallel zur Tonwertkurve auch das Histogramm beobachten. Moderate Änderungen, die zu weichen Kurvenformen führen, funktionieren also in der Regel am besten. Um das Höchstmaß an Kontrolle zu haben, können Sie das Werkzeugfenster vergrößern.

Bleibt das Problem der Verbindung zwischen Kontrast und Farbsättigung, denn jede Erhöhung oder Verringerung des Kontrasts erhöht oder verringert auch die Farbsättigung. Die Abb. 49 bis 52 illustrieren diesen Zusammenhang. Im Vergleich zum unbearbeiteten Ausgangsbild sehen wir im RGB-Modus eine starke, im Helligkeitskanal des Lab-Modus eine weniger stark ausgeprägte Änderung der Farbsättigung. Dieser Unterschied rührt daher, daß die Kontrastanhebung im RGB-Modus die Pixelwerte der drei Grundfarben Rot, Grün und Blau direkt auf höhere, also dunklere, Werte umsetzt (und ein dunkleres Rot ist ein gesättigteres Rot), der Zusammenhang im Lab-Modell aber indirekt ist. Das kommt so. Lab teilt die Farbinformation in den Helligkeitsanteil L* und die beiden Anteile der Farbigkeit (Chromatizität) a* und b*, das Korrelat der Farbsättigung entspricht aber dem Ergebnis der Division Chroma / Helligkeit. Eine Kontrastanhebung im Helligkeitskanal setzt alle Pixel wiederum auf höhere (dunklere) Werte, sofern a* und b* jedoch gleich bleiben, ändert sich das Ergebnis der Division. Allerdings ist die Auswirkung eben weniger stark als im RGB-Modell.

Simon Tindemans (9) hat dankenswerter Weise eine Reihe Photoshop-Aktionen (*LuminanceCurve* & *LightnessCurve*) bzw. ein Plugin (*Tonability*) geschrieben, die dazu dienen die Seiteneffekte der normalen Tonwertkurven auf die Farbsättigung zu vermeiden. Sie setzen die Pixelwerte von einer Helligkeit auf eine andere um, ohne das Verhältnis R:G:B zu

Doe Forderung 0 im Digitalbereich
Erhöhung der Bildqualität

Abb. 49: Neutral

Abb. 50: Helligkeitskanal des Lab-Modus

Abb. 51: RGB

Abb. 52: Simon Tindemans Tonability-Plugin

verändern. Auf seiner Website gibt er genaue Hinweise dazu, wie die Werkzeuge in den Workflow mit Camera Raw integriert werden können, denn leider stellt bislang kein RAW-Konverter so eine wünschenswerte Funktionalität bereit. – Wahrscheinlich, weil, wie er *Adobes´* Thomas Knoll zitiert, die Mehrzahl der Nutzer die mit der Kontrastanhebung verbundene Steigerung der Farbsättigung bevorzugen. Das liegt wohl daran, daß unsere Sehgewohnheiten so sehr durch das Verhalten der AgX-Bildträger geprägt ist die bis zur Einführung der modernsten Farbkuppler von der Verbindung „Kontrast plus = Farbsättigung plus" bestimmt waren.

Kontrast in der Photographie

Abb. 53: Lineare Verteilung der Helligkeitswerte auf 11 Bit (2^{11} = 2048 Datenwerte)

Gammakorrektur – Ganz in der Schwebe

Gammakorrektur die Erste – Verzerren der Linearität Nun haben wir also mit unserer digitalen *Fujiyamaruckzuck-Kamera* ein Bild aufgenommen und wollen weiter damit arbeiten. An dieser Stelle kommen wir auf den oben angesprochenen fundamentalen Unterschied zwischen unserer Kontrastwahrnehmung und der eines elektronischen Bildträgers zurück. Der Sensor setzt die von den Pixeln empfangenen Elektronen nahezu 1:1 in Spannungswerte um, die dann vom A/D-Wandler quantisiert werden. Der Spannungswert

Abb. 54: Photo vor der Gammakorrektur: zu dunkel

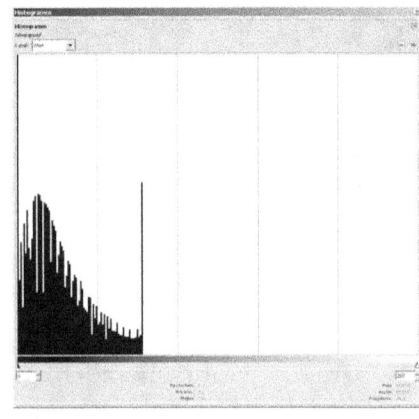

Abb. 55: Histogramm v. d. Gammakorrektur

Gammakorrektur
1. Verzerren der Linearität

Gammakorrigierte Helligkeitsverteilung

Jeder Belichtungsstufe steht eine Anzahl Datenwerte (Levels) zur Verfügung, die die wahrgenommenen Helligkeitsunterschiede gleichabständig erscheinen läßt.

Abb. 56: Gammakorrigierte Verteilung der Helligkeitswerte

bzw. Binärwert einer Motivstelle, die doppelt so hell ist wie eine andere, ist also doppelt so hoch wie dieser andere. Das können wir der Charakteristik-Kurve entnehmen, die wir weiter oben selbst ermittelt haben und Abb. 53 spiegelt den Zusammenhang noch einmal anders wider. Uns erscheint die Verdoppelung der Intensität aber dank unseres Wahrnehmungssystems nicht doppelt so hell. Heller zwar, aber eben nicht doppelt so hell. Um den Eindruck doppelter so großer Helligkeit zu erzeugen, müssen wir die Intensität nahezu verneunfachen. Das geht aus den Abb. 22 und 23

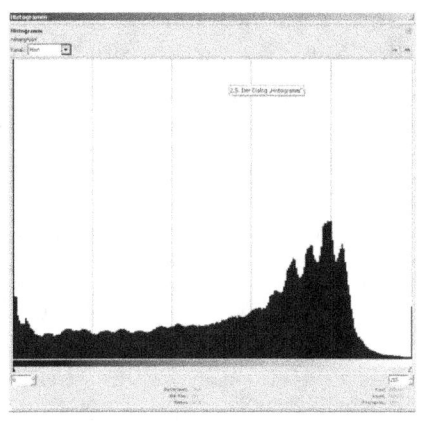

Abb. 57: Histogramm n. d. Gammakorrektur

Abb. 58: Photo nach der Gammakorrektur

Kontrast in der Photographie

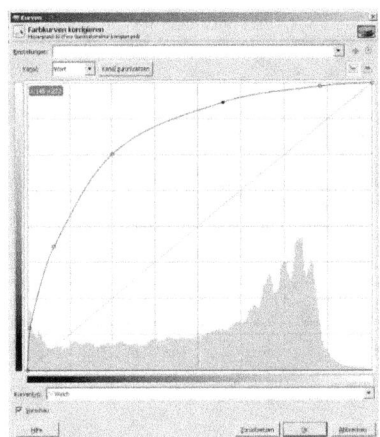

Abb. 59: Tonwertkurve n. d. Gammakorrektur

auf S. 40 hervor. Aus diesem Grund erscheinen die Bilddateien in RAW-Konvertern, die das Vorschaubild exakt entsprechend den Daten anzeigen, viel zu dunkel, etwas so, wie in Abb. 54. Ihr Histogramm zeigt dann auch den Großteil der Werte auf der linken, dunklen Seite an (Abb. 55).

Dem kommen wir bei, indem wir die Steigung der diesem Zusammenhang entsprechenden linearen Tonwertkurve verändern, also mit der aus dem Abschnitt „Kontrastwahrnehmung" bekannten Exponentialfunktion versehen. Da die Steigung der Kurve auch als Gammawert bezeichnet wird, nennen wir diese Veränderung **Gammakorrektur** bzw. **Gammacodierung**. Dies ist eine einfache mathematische Operation, bei der jeder Datenwert mit dem Kehrwert des Gammawerts potenziert wird.

$$gammakorrigierter\ Pixelwert(Pixel\ \gamma)$$
$$Pixel\ \gamma = RAW - Pixelwert^{1/Gamma}$$

Die Berechnung übernimmt für uns Photographen der RAW-Konverter. Er tut dies entweder automatisch mit einem vorgegebenen Gammawert oder überläßt es uns, diesen von Hand einzustellen bzw. indirekt über den Farbraum zu wählen (siehe „Gammawerte in verschiedenen Farbräumen").

Die Tonwertkurve sieht danach aus wie in Abb. 59, das eingangs gezeigte zu dunkle Bild erscheint in der richtig Helligkeit und sein Histogramm weist eine normale Verteilung der Helligkeitswerte auf (Abb. 56, 57, 58). An der Tonwertkurve fällt zunächst die Ähnlichkeit zu jener in Abb. 22 auf S. 40 auf und das ist kein Zufall. Darüber hinaus stellen wir fest, daß die exponentielle Veränderung der Daten zu unterschiedlichen Kurvenformen führt, je nachdem, ob sie auf linearen oder logarithmischen Skalen ausgegeben werden. Auf log-log Achsen, wie in Abb. 28 auf S. 50, resultierte dies in einer geneigten, aber in der Form unveränderten Kurve. Hier, auf linear skalierten Achsen, sehen wir einen in

Gammakorrektur
2. Ausgleich der Monitoreigenschaften

der Mitte nach außen gebogenen Graphen.

Wie hoch der Gammawert genau sein muss, wird aus den beiden folgenden Absätzen hervorgehen, die uns zwei weitere gleichrangige Gründe für die Notwendigkeit der Gammakorrektur liefern.

Gammakorrektur die Zweite – Ausgleich der Monitoreigenschaften Der zweite Grund liegt im Verhalten der Kathodenstrahlröhren in unseren Monitoren und Fernsehern. Diese setzen die eingegebenen Spannungswerte nämlich nichtlinear in Helligkeitswerte um. Statt dessen folgen sie dabei von Natur aus einer Potenzfunktion mit Gamma als Exponenten, wie sie die nachstehende mathematische Funktion ausdrückt:

$$L = (V + \varepsilon)^{\gamma}$$

L = Luminanz (Helligkeit)
V = Spannung
ε = Koeffizient für den Schwarzanteil
γ = Gamma

Die Gammawerte liegen je nach Gerät zwischen 2,3 und 2,6. Höhere Werte sind in der Regel auf eine falsche Helligkeitseinstellung zurückzuführen.

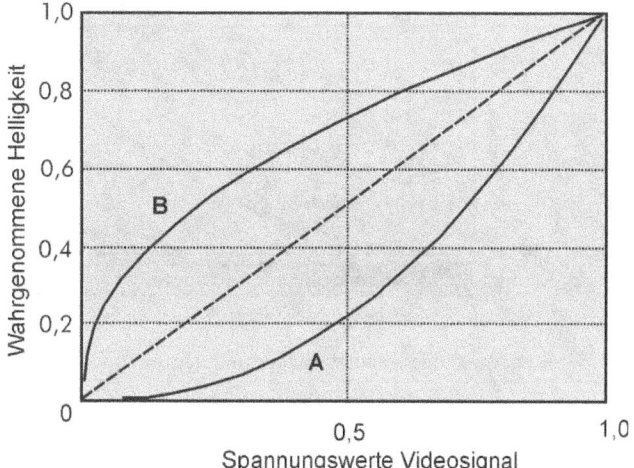

Abb. 60: Charakteristik-Kurven Monitor

Wenn wir dies Verhalten graphisch darstellen, ergibt sich die Kurve A in Abb. 60. Durch einen puren Zufall ist sie das nahezu perfekte Spiegelbild der schon zuvor bemühten Kurve in Abb. 22 auf S. 40 im Abschnitt „Kontrastwahrnehmung", gibt also die beinahe exakt inverse Funktion unserer Kontrastwahrnehmung wider. Indem wir den eingegebenen Spannungswert V mit der Funktion 1/Gamma potenzieren, korrigieren wir diese Nichtlinearität und erhalten die Kurve B. Die Kombination dieser beiden Kurven führt zu der gerissenen Geraden im 45°-Winkel und so entsteht der von uns angestrebte lineare Zusammenhang zwischen der Eingangsspannung und der wahrgenommenen Helligkeit. Weil dieses Verhalten, wie wir im nächsten

Kontrast in der Photographie

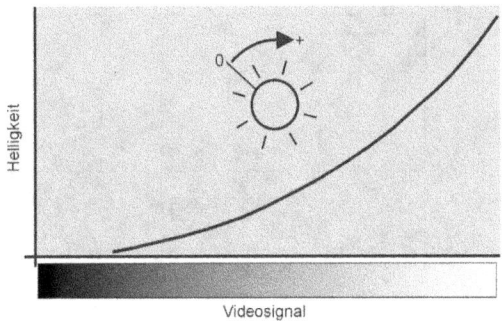

Abb. 61: Monitorhelligkeit zu hoch
Hier ist die Helligkeit zu hoch eingestellt. Der nutzbare Dynamikbereich ist zum Weiss hin verschoben und kein Videosignal kann echtes tiefes Schwarz produzieren. Der Kontrastumfang ist so beeinträchtigt.

Abschnitt sehen werden, überaus nützlich ist und um die Kompatibilität zum herrschenden Standard zu

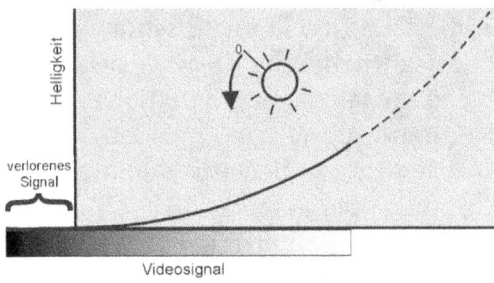

Abb. 62: Monitorhelligkeit zu niedrig
Hier ist die Helligkeit zu niedrig eingestellt. Der nutzbare Dynamikbereich ist nun zum Schwarz hin verschoben, wodurch eine Reihe Videosignale zu Null abgeschnitten (geclippt) werden. Ihre Informationen sind verloren. Auch hier ist der dynamikbereich beeinträchtigt.

gewährleisten, bilden es die eigentlich eher linearen LCD-Monitore und Plasma-Fernseher nach.

Wenn wir nun *Photoshop* installieren und bei seiner ersten Inbetriebnahme das kleine Utility *Adobe Gamma* startet, sollen wir dort Kontrast und Helligkeit des Monitors auf bestimmte Werte einstellen und verschiedene Streifenmuster und Farbtafeln beurteilen. Zur Motivation werden wir mit der Erklärung abgespeist, dies sei nötig um den Monitor zu kalibrieren und ein Profil zu erstellen. Gut und schön und nützlich, aber eigentlich tun wir nichts weiter als die Monitoreinstellungen an den geräteinternen Gammawert anzupassen. Mit einer Gammakorrektur hat das nichts zu tun! Wenn *Adobe Gamma* uns auffordert die Bildschirm-Helligkeit so zu justieren, daß wir das zum Abgleich verwandte dunkle Quadrat vor dem noch dunkleren Hintergrund gerade eben noch erkennen können, bringen wir nur die Schwarz-Weiß-Skala des Signals mit dem Schwarzpunkt der Kurve zur Deckung, um den zur Verfügung stehenden Helligkeitsbereich optimal auszunutzen. Denn ist die Helligkeit zu hoch eingestellt, wie es Abb. 61 zeigt, kann kein Signal ein echtes Schwarz produzieren und das dargestellte Bild erscheint kontrastlos. Ist die Helligkeit umgekehrt zu niedrig eingestellt, wie in Abb. 62, gibt es einen zu großen Schwarzbereich, in dem ein Teil der Nutzsignale untergeht. In diesem Fall fehlen dem Bild reichlich Details in den Schatten.

Gammakorrektur die Dritte – Verteilung der Helligkeitswerte auf 8 Bit Die bemerkenswerte Zufälligkeit an der Sache (die häufig für Verwirrung sorgt) ist, daß derselbe Wert (bzw. seine inverse Funktion) sowohl für die wahrnehmungsgerechte Wiedergabe der Helligkeitswerte, als auch für die Korrektur der Nichtlinearität der Bildschirme, als auch für die visuell bestmögliche Ausnutzung der heute standardmäßig verwendeten 8 Bit-Codierung der digitalen Daten sorgt. Und damit sind wir beim dritten Grund für die Notwendigkeit der Gammakorrektur, der optimalen Verteilung der Helligkeitswerte auf 8 Bit.

An dieser Stelle klinken wir uns in den Abschnitt „Die Mindestgröße der Helligkeitsunterschiede" aus dem Kapitel „Kontrastwahrnehmung" ein aus dem hervorgeht, daß wir in der Lage sind, Intensitätsunterschiede im Bereich von 1 % wahrzunehmen. Das bedeutet wir erkennen es, wenn ein Helligkeitsbereich 1,01 mal heller ist als ein anderer. Dies gilt relativ konstant über den mittleren Helligkeitsbereich. Nimmt die Helligkeit ab, so sinkt auch unsere Unterscheidungsfähigkeit. Dies hat mehrere Gründe. Erstens überlagert das Streulicht aus den hellen Bildpartien die subtilen Unterschiede in den dunkleren. Zweitens fällt die laterale Hemmung in den dunkleren Bereichen geringer aus, was das Kontrastvermögen vermindert. Und drittens kommt bei geringen Lichtstärken die Grundaktivität der Photorezeptoren (quasi ihr Grundrauschen) stärker zum Tragen. Sie stellt für das visuelle System eine Konstante dar, die überwunden werden muss, damit sich eine Wahrnehmung einstellt. Alle drei Gründe zusammen sorgen dafür, daß unsere Unterscheidungsfähigkeit der Helligkeitswerte über einen drei Dekaden umfassenden Ausschnitt des photopischen Sehens um den Faktor zehn abnimmt.

Wenn wir die 1 % auf ein digitales, also binär codiertes, Bild anwenden, brauchen wir $\log(2)/\log(1,01)$ = 70 Helligkeitsstufen pro Belichtungsstufe, die ja einen Intensitätswechsel um den Faktor 2 darstellt. Bei einem Kontrast von 100:1 sind auf einer linearen Skala 9900 Stufen oder rund 11 Bit nötig, um die Helligkeitswerte eines Kanals ohne sichtbare Abstufungen zu speichern. Standardmäßig arbeiten wir aber heute mit nur 8 Bit

Kontrast in der Photographie

pro Farbkanal, weil das die Hardware preiswerter macht. Diese 8 Bit können jedoch nur 256 lineare Helligkeitsabstufungen speichern – viel zu wenig, um unserem visuellen Apparat wirklich fließende Farb- bzw. Helligkeitsübergänge vorzugaukeln, wenn wir sie linear verteilen.

Indem wir die Helligkeitswerte in jedem Farbkanal mit der Funktion ^1/Gamma kodieren, tun wir nichts anderes als unsere mit der Helligkeit schwankende Unterscheidungsfähigkeit auf die Verteilung der Helligkeitswerte anzuwenden und die 256 Stufen, die die 8 Bit zur Verfügung stellen, visuell optimal zu verteilen. Um die Unterschiede zwischen den Codierungsvarianten greifbar zu machen, schauen wir uns in der Tabelle auf der rechten Seite einmal an, wie die Codebereiche im einzelnen verteilt sind.

Die erste Spalte zeigt die Helligkeit in Belichtungsstufen relativ zum maximalen Weiß. 0 repräsentiert die hellste Bildstelle, -1, -2, usw. steht für jeweils eine Stufe weniger bzw. die Verringerung der Lichtmenge um den Faktor 2. Die folgenden vier Spalten zeigen, wie diese Helligkeitswerte in vier verschiedenen Codierungstechniken gespeichert werden. Bei den linearen Funktionen ist der Codewert proportional zur Lichtintensität und jede Verringerung um den Faktor 2 führt zu einer ebenso großen Verringerung der Codewerte (Anzahl der zur Verfügung stehenden Datenwerte). Die Gamma-Funktion zeigt dagegen was passiert, wenn eine Potenzfunktion mit einem Exponenten von 0,45 (1/2,2) zugrunde gelegt wird, um die Lichtintensitäten in Integerwerte zu quantisieren. Dies ist die Transferfunktion des sRGB-Farbraums und liegt nahe an dem, was Video-Kameras tun. Die meisten Digitalkameras und Scanner geben ebenfalls gammakorrigierte Daten aus, verwenden aber nicht immer den Exponenten 0,45.

8 Bit linear gesteht der hellsten Stufe 128 Codewerte zu. Das ist eine Menge und man darf erwaten in diesem Bereich heftig nachbearbeiten zu können, ohne daß es zu Ausreißern oder Artefakten kommt. Die folgende Stufe zwischen -1 und -2 weist nur noch 64 Codewerte auf. Das ist noch nahe an den rechnerisch nötigen 70, läßt aber keinen Spielraum mehr. Noch einen Schritt weiter herunter haben wir nur noch 32 Werte. Theoretisch sind das bereits zu wenige Stufen, um einen visuell einheitlichen Übergang zu gewährleisten und wenn wir diesen Bereich ausschneiden und für sich allein betrachteten, würden wir die Helligkeitsunterschiede wohl in Form einer Treppe sehen. Solange er aber

Gammakorrektur
3. Verteilung der Helligkeitswerte auf 8 Bit

Tabelle 3-4 Belichtungsstufen und Codierungsvarianten				
Helligkeit in Belichtungsstufen	8 Bit linear Codebereich (Codeanzahl)	8 Bit gamma Codebereich (Codeanzahl)	12 Bit linear Codebereich (Codeanzahl)	16 Bit linear Codebereich (Codeanzahl)
0	256 (128)	256 (69)	4096 (2048)	65536 (32768)
-1	128 (64)	187 (50)	2048 (1024)	32768 (16384)
-2	64 (32)	137 (37)	1024 (512)	16384 (8192)
-3	32 (16)	100 (27)	512 (256)	8192 (4096)
-4	16 (8)	73 (19)	256 (128)	4096 (2048)
-5	8 (4)	54 (15)	128 (64)	2048 (1024)
-6	4 (2)	39 (10)	64 (32)	1024 (512)
-7	2 (1)	29 (8)	32 (16)	512 (256)
-8	1 (0)	21 (6)	16 (8)	256 (128)
-9	0 (0)	15 (4)	8 (4)	128 (64)
-10	0 (0)	11 (3)	4 (2)	64 (32)
-11	0 (0)	8 (2)	2 (1)	32 (16)
-12	0 (0)	6 (1)	1 (0)	16 (8)

Kontrast in der Photographie

Teil eines Gesamtbildes ist, geht die Treppe in unserer mit der Intensität abnehmenden Empfindlichkeit unter und 32 Codewerte sind gerade noch ausreichend. Unterhalb dieser Grenze wird die lineare 8 Bit Codierung visuell aber immer schlechter. Die folgenden Helligkeitsstufen verfügen nur noch über 16, 8, 4, 2 und zu guter Letzt 1 Codewert. Diese lineare Codierung ist also realistisch betrachtet gut geeignet, um Bilder mit einem Kontrast von 3 oder 4 Belichtungsstufen zu speichern und bietet dann sogar den Vorteil der sehr guten Auflösung im obersten Bereich.

Nun betrachten wir die gammakodierte 8 Bit Variante. Sie schreibt der hellsten Stufe 69 Codewerte zu. Dies ist visuell gerade genug, bietet aber fast keinen Spielraum für Nachbearbeitungen. Der zweithellsten Stufe stehen 50 Werte zur Verfügung. Schon knapp, aber gerade noch tolerabel, da unsere Helligkeitswahrnehmung ja nachläßt. Für alle folgenden Helligkeitsstufen stellt die Gamma-Version mehr Codewerte bereit als die lineare Codierung und ist damit für diesen dunkleren Bereich die bessere Wahl. Auch bei -8 haben wir noch 8 Stufen zur Verfügung und da die Unterscheidungsfähigkeit, wie weiter oben beschrieben, um den Faktor 10 nachläßt, sind dies immer noch genug und weit mehr als die 1 Stufe in der linearen Codierung. Um mit einer linearen Variante ein vergleichbares Ergebnis zu erzielen, müssen wir, wie die 8. Spalte zeigt, schon auf 12 Bit pro Kanal zurückgreifen. Mit 16 Bit sind wir dann vollends auf der sicheren Seite, stellen aber, wie bei 12 Bit auch, weitaus höhere Anforderungen an die Hardware.

Noch deutlicher werden die Unterschiede, wenn wir die praktischen Zahlen für ein Bild betrachten in dem die Schatten 7 Belichtungsstufen dunkler sind als die Lichter, was keine besonders extreme Situation ist. Im Fall der linearen 12 Bit Codierung fällt die hellste Stelle auf den Code 4095 und die dunkelste, die nur noch 1/128 so hell ist, auf den Wert 32. Das bedeutet, daß einige benachbarte Bildstellen, die in Wirklichkeit beinahe gleich hell waren, nach dem Runden als entweder Integerwert 32 oder 33 gespeichert werden. Was in der Originalszene ein sehr kleiner Unterschied war, wird in der digitalen Repräsentation also zu einem Größeren aufgepumpt, denn der Helligkeitsunterschied beträgt 3 % (der Bereich mit dem Wert 33 muss 33/32 mal heller wiedergegeben werden als sein Nachbar). In den helleren Bildbereichen wäre dieser 3 %ige Helligkeitsunterschied ohne Frage sichtbar, aber

Gammakorrektur
3. Verteilung der Helligkeitswerte auf 8 Bit

in einer Schattenpartie geht er in den allermeisten Betrachtungssituationen unter. In diesem Fall haben wir also durch die Verwendung der linearen 12 Bit Codierung keine sichtbare Treppenbildung ins Bild eingeführt. Wenn wir aber die Anzahl der Bits reduzieren, wird das Problem größer. Bei 11 Bit steigt der Unterschied auf 6 % und auf 12 % bei 10 Bit. Stehen nur noch linear codierte 8 Bit zur Verfügung, so fällt unser Schattenbereich auf den Wert 2 und nach dem Runden kann sein Nachbar auf 3 zu liegen kommen. Dieser Wert 3 ist aber 50 % heller als 2 und diesen Unterschied können wir sogar in den dunkelsten Schattenbereichen noch wahrnehmen.

Nun machen wir die Probe aus Exempel mit der gammakorrigierten 8 Bit Variante (^1/2,2 bzw. ^0,45). Unser Bildbereich, der nur 1/128 so hell ist wie der Maximalwert, fällt gemäß der Berechnung (255*(1/128)^0,45) auf den Integerwert 29. Bei korrekter Wiedergabe entspricht das einer relativen Intensität von (29/255)^1/0,45 = .00798. Ein annähernd gleich helles Nachbarpixel mit dem Codewert 30 wird demzufolge mit der relativen Intensität von (30/255)^(1/0,45) = .00860 wiedergegeben. Dies entspricht einem 8 %igen Helligkeitsunterschied der viel weniger sichtbar ist als der 50 %ige Unterschied der linearen Variante und in der Mehrzahl der Betrachtungssituationen nicht wahrgenommen wird.

Nun ist hier natürlich, genau wie im normalen Leben auch, nichts umsonst, denn die Gamma-Codierung erkauft den Vorteil der besseren Schattenauflösung mit einer Verknappung der Codewerte in den Lichtern. Auch hier schauen wir einmal mit der unbestechlichen Mathematik nach, wie groß der Nachteil tatsächlich ist. Mit der linearen 8 Bit Variante erhalten wir in den hellen Bildteilen Stufen, die sehr dicht beieinander liegen. Der relative Intensitätsunterschied zwischen 245 und 255 beispielsweise liegt bei nur 0,4 %. Durch die Gammakorrektur verdoppelt er sich zwar auf 0,9 %, liegt aber immer noch unter der 1 % Grenze, die wir im mittleren Helligkeitsbereich unterscheiden können.

Der lineare 8 Bit Code gibt uns also mehr als genug Auflösungsvermögen in den hellen Bildbereichen, und läßt hier sogar ein wenig Spielraum, ist in den Schattenpartien aber die deutlich schlechtere Wahl. Auf der anderen Seite gestehen die gammakorrigierten 8 Bit den Lichtern gerade eben genug Datenwerte zu, um das Banding zu verhindern und den Schatten genug, um das Banding in der Mehrzahl der Fälle zu verhindern. Gammacodierte 8 Bit sind also die gerade noch akzeptable unterste Grenze und es können

Kontrast in der Photographie

Fälle auftreten, in denen auch hier Artefakte sichtbar werden. In der Mehrzahl der Bilder funktioniert es aber, weil die Helligkeitstreppen im Rauschen und der schwindenden Empfindlichkeit unseres visuellen Apparats untergehen.

Gammawerte in verschiedenen Farbräumen Der tatsächliche Vorgang der Gammakorrektur läuft weitgehend unbemerkt vom Nutzer ab. Sofern Sie direkt in der Kamera als .jpeg speichern, hat der Hersteller alle Parameter für Sie gesetzt. Das ist zwar bequem, nimmt Ihnen aber auch alle Einflußmöglichkeiten. Wenn Sie auf dem RAW-Workflow wandern, können Sie den Gammawert je nach RAW-Konverter indirekt oder direkt beeinflussen. Direkt über eine separate Einstellmöglichkeit. Indirekt über die Wahl des zur Verwendung kommenden Arbeitsfarbraums. In der Regel zeigt Ihnen das Vorschaufenster des RAW-Konverters ein gammakorrigiertes Bild, während ihre Einstellungen in den diversen Menüs auf die unkorrigierten linearen Daten angewandt werden. Auf diese Weise sind Rundungsfehler, die bei der Berechnung korrigierter Daten in seltenen Fällen vorkommen können, ausgeschlossen.

In Arbeitsfarbräumen finden wir heute fast immer Gammawerte von 1,8 oder 2,2. Farbräume mit einem Gamma von 1,8 kommen vor allem in der Druckvorstufe zum Einsatz, da sie den Druckpunktzuwachs recht gut simulieren. Der Grund, aus dem die an einem älteren Macintosh-Rechner angeschlossenen Monitore einem Gammawert von nur 1,8 folgten, lag nur daran, daß das QuickDraw-Graphiksystem diese ungewöhnliche Transferfunktion vorgab. Damit simulierten sie den Tonwertzuwachs beim Offsetdruck so gut, daß kein Farbmanagement nötig war. Für die Arbeit am Monitor bevorzugt man ein Gamma von 2.2. Zur Zeit geht der Trend dahin, Gamma durch die Helligkeitsverteilung des Lab-Farbraums (L*) zu ersetzen, die unserer Wahrnehmung gut entspricht.

- **AdobeRGB** weist einen fixen Gammawert von 2,2 auf, der bei Farben mit geringer Helligkeit allerdings zu Informationsverlusten führt. So verbraucht der Helligkeitsbereich L*=0 bis L*=3 etwa 10% des Datenraums des AdobeRGB-Farbraums, wobei hier kaum Information, sondern zum überwiegenden Teil Rauschen vorgefunden wird.

- **sRGB** wird mit einem Gammawert von 2,2 bezeichnet, aber in den Schatten besitzt dieser Farbraum ein annähernd lineares Gamma.

- **eciRGB_v1** und ColorMatchRGB weisen ein Gamma von 1,8 auf, verlaufen nahe dem Schwarzpunkt allerdings fast linear. Dies vermeidet den oben angesprochenen Informationsverlust.

- **eciRGB_v2** und L*-RGB besitzen keinen Gammawert, sondern eine visuell lineare Gradation. Also eine Grauachse mit visuell gleichen Abständen, die zu visuell gleiche Abstände auf den Farbachsen führt.

Der Kontrast und die Belichtung

Welche Schlüsse können wir bis hierher für die ach so nötige Belichtungsmessung ziehen? In manchen Büchern wird dieser Vorgang ja geradezu mystifiziert, aber wir können es im Rahmen unserer Betrachtung kurz und knapp machen.

Konsequenz Nummer eins: Ohne den Abgleich zwischen dem Motivkontrast und der Fähigkeit des Bildträgers diesen abzubilden (den zulässigen Belichtungsumfang), ist die Belichtungsmessung wenig zielführend. Erst, wenn wir wissen, wie sich beide zueinander verhalten, können wir uns daran machen die Belichtung zu bestimmen.

Wir erinnern uns: Auf der Dichtekurve jedes Bildträgers finden wir zwei Schwellenwerte. Der Eine bezeichnet die Mindestmenge Licht, die nötig ist, damit überhaupt ein Bild entsteht. Der Andere markiert die Höchstmenge Licht oberhalb der eine stärkere Belichtung nicht mehr in stärkere Schwärzung umgesetzt wird. Je größer der weitgehend lineare Bereich der Dichtekurve dazwischen ist, umso größer ist auch das Kontrastmaß das wir in einer Belichtung unterbringen können. Entsprechen sich Motivkontrast und zulässiger Belichtungsumfang, gilt es den einen einzig richtigen Belichtungswert zu bestimmen. Ist der Motivkontrast dagegen kleiner als der zulässige Belichtungsumfang, besteht ein echter Belichtungsspielraum und wir dürfen mehr als nur einen einzigen Belichtungswert als richtig ansehen. Ist der Motivkontrast aber größer als der zulässige Belichtungsumfang, können wir die Aufnahme ohne Einflußnahme nicht korrekt belichten.

Praktisch bestimmen wir zuerst den **Motivkontrast**. Dazu ist ein Spotmesser am geeignetsten, weil er uns in die Lage versetzt auch kleinere Motivteile präzise zu erfassen. Mit

Kontrast in der Photographie

ihm messen wir die Belichtung für jene Lichter- und Schattendetails, in denen wir im Bild tatsächlich noch Zeichnung (Struktur und Details) erkennen können wollen. Schlagschatten, Lichtreflexe oder kleine Lichtquellen dürfen ruhigen Gewissens übergangen werden, da sie das Bild in der Regel nicht dominieren werden. Abbildung 63 zeigt praktisch, welche Kriterien berücksichtigt werden sollten. Die Wahl der Messstelle in den Lichtern fiel hier auf die Nummer 1, weil in diesem Wolkenbereich noch eine Spur von Struktur zu erkennen ist. Weiter unten, in dem mit 3 bezeichneten Himmelsteil, fehlt dagegen jede Zeichnung, so daß er getrost unberücksichtigt bleiben kann. Für die Schatten wurde der mit Nummer 2 bezeichnete Bereich der Felswand gewählt. Der gegenüberliegende große Schattenbereich Nummer 4 ist zwar noch dunkler, sollte gemäß meiner Bildvorstellung aber zur schwarzen Silhouette „absaufen" und damit ein visuelles Gegengewicht setzen. – Merken Sie was? Auch die Bildaussage und Bildgestaltung spielen eine Rolle bei der Belichtungsfindung. Besitzen Sie keinen externen Spotmesser und verfügt auch Ihre Kamera über kein TTL-Spotmeter können Sie sich behelfen, indem Sie den relevanten Motivteil mit dem Zoomobjektiv bei Integralmessung nahezu und bei Selektivmessung annähernd formatfüllend einstellen und die Blendenwerte bei jeweils gleicher Belichtungszeit (oder umgekehrt die Belichtungszeit bei jeweils gleichem Blendenwert, ganz wie Sie mögen) ablesen. Der Motivkontrast entspricht dann der Helligkeitsdifferenz zwischen den beiden Messstellen und füllt den Belichtungsumfang des Bildträgers im Idealfall gerade genau aus. Dieser Fall ist, wie oben schon angesprochen, bequem, denn dann können wir ohne weitere Zwischenschritte mit der eigentlichen Belichtungsmessung fortfahren.

Abb. 63: Kontrast und die Wahl der Meßstelle

12 % oder 18 % – Die Belichtungsmesser und ihr Eichwert

Bevor wir zu den Varianten der Belichtungsmessung kommen können, müssen wir noch eine wichtige Kleinigkeit klären. In den nächsten Abschnitten wird immer wieder die Rede davon sein, daß die Belichtungsmesser alles als „mittleres Grau" interpretieren. Das ist kein Zufall oder göttliche Fügung, sondern geht auf eine Übereinkunft zwischen den Kamera- und Filmherstellern zurück. Sie haben eines Tages erkannt, daß sie den Zusammenhang zwischen einfallender Lichtmenge und daraus resultierender Schwärzung verbindlich normieren müssen. Wie anders sollten die Benutzer sonst unabhängig vom verwendeten Fabrikat zu reproduzierbaren Ergebnissen kommen können? Als Grundlage der Norm legten sie den mittleren Helligkeitswert eines durchschnittlichen Motivs fest. Diese Eigenschaften finden wir zuverlässig in eben einem Grau mittlerer Helligkeit. Für die Kamera- und Zubehörhersteller bedeutet diese Einigung, daß ihre Belichtungsmesser alle Farb- und Helligkeitswerte wie dieses mittlere Grau behandeln müssen. Für die Filmproduzenten gibt sie vor, daß ein mit diesem Wert belichteter und genau nach Vorgabe entwickelter Film eine dazu korrespondierende mittlere Schwärzung (Dichte 0,70) aufzuweisen hat. Die Digitaltechnik muss analog einen Grauwert dieser Helligkeit registrieren.

Im Zusammenhang mit diesem „mittleren Grau" liest und hört man immer wieder davon, daß diese Norm, auf die alle Belichtungsmesser geeicht sind, einem Reflexionswert von 18 % entspricht. Diese Vorstellung ist seit Jahrzehnten fest in den Köpfen der Photographen-Gemeinde verankert und das ist ein Stück weit ein Problem, denn sie ist falsch!

Die Ansi-Standards sind nicht öffentlich zugänglich. Man muss eine ordentliche Gebühr entrichten, um sie einzusehen.

Belichtungsmesser werden gemäß den ANSI (American National Standards Institute)-Standards kalibriert und die sehen eine Leuchtdichte vor, die einer Reflexion von 12 % entspricht. Beachten Sie den Unterschied zwischen Leuchtdichte und Reflexion: Die Leuchtdichte oder Luminanz, gemessen in Candela pro m^2, entspricht einer exakt und direkt messbaren Lichtenergie. Reflexion bezieht sich dagegen auf die wahrgenommene Helligkeit des Lichts, nachdem es von einem Gegenstand reflektiert wurde.

Der 18 % Wert scheint aus dem Druckbereich zu kommen, denn dort

Kontrast in der Photographie

entspricht er dem Mittelwert zwischen Weiß und Schwarz, also einem neutralen, mittleren Grau. Graukarten, wie wir sie im Photobereich verwenden, sind aus zwei möglichen Gründen auf den 18 % Wert abgestimmt: Weil sie unter dieser Vorgabe leicht in konstanter Qualität zu produzieren sind oder weil ihre Hersteller nicht wissen, worauf die Belichtungsmesser kalibriert werden. Dass in diesem Bereich große Vielstimmigkeit herrscht, wird beispielsweise daran sichtbar, daß *Sekonic* auf seiner Website einen Eichwert von 14 % angibt und darauf hinweist, daß *Minolta* auf einen höheren Wert abstimmt. *Minolta* dagegen veröffentlich eine wiederum andere Angabe.

Dass der 12 % Wert tatsächlich stimmt können Sie aus dem Zusatz herleiten, den *Kodak* seit 1999 auf seine Graukarten druckt und im Kopf behalten, daß der Unterschied zwischen 12 und 18 % Reflexion ziemlich genau ½ Belichtungsstufe entspricht:

„Meter readings of the gray card should be adjusted as follows: 1) For subjects of normal reflectance increase the indicated exposure by 1/2 stop. 2) For light subjects use the indicated exposure; for very light subjects decrease exposure by 1/2 stop. 3) If the subject is dark to very dark increase the indicated exposure by 1 to 1.5 stops."

Farbhelligkeiten und Belichtungsmessung

Unsere Wahrnehmung von Farben hängt von vielen Faktoren ab. Die Umgebungshelligkeit entscheidet beispielsweise zunächst darüber, mit welchem Rezeptortyp (Stäbchen- oder Zapfenzellen) wir sehen und bestimmt so, welches Farbspektrum überhaupt wahrgenommen werden kann. Aber auch die Rezeptoren selbst nehmen unterschiedliche Farben unterschiedlich hell wahr. Die tagaktiven Zapfen sind für Grüngelb am empfindlichsten, die nachtaktiven Stäbchen bevorzugen dagegen Blaugrün. So nehmen wir in hellen Bereichen Gelb und Rot stärker wahr und bevorzugen im Halbschatten Grün und Blau. Eine markant-gelbe Sonnenblume, die für uns bei Tageslicht viel brillanter wirkt als das umgebende Grün erscheint uns folgerichtig bei geringerer Beleuchtungsstärke als flau, da wir einen proportional kleineren Gelbanteil aufnehmen. Unsere Farbwahrnehmung wechselt also mit der Helligkeit. Hinzu kommt, daß wir Helligkeits- und Farbwerte in Relation zueinander bestimmen, um konsistente Wahrnehmungswelten zu erzeugen. Der zweite Band dieser Reihe erläutert all diese Zusammenhänge.

Verglichen damit, ist die Funktionsweise eines Belichtungsmessers geradezu simpel. Seiner Eichung auf

Der Kontrast und die Belichtung
Farbhelligkeiten und Belichtungsmessung

ein mittleres Grau von, wie wir gesehen haben, 12 % Remission haben wir es zu verdanken, daß jeder Film in jeder Kamera annähernd gleich belichtet wird. Der Belichtungsmesser reduziert einfach alle im Bild vorkommenden Helligkeitswerte auf dieses Grau und schafft sich so seine eigene übersichtliche Welt. Das funktioniert gut, solange im Motiv nur mittlere Helligkeits- und Kontrastwerte vorkommen, das mittlere Grau also einen überproportionalen Teil des Bildes ausmacht. In jedem extremeren Fall aber, wenn große helle oder dunkle Flächen das Motiv dominieren, ist jeder Belichtungsmesser aus technischer Sicht überfordert und der Kopf hinter der Kamera muß korrigierend eingreifen, muß manuell unter- oder überbelichten.

Eine reinweiße Fläche reflektiert beispielsweise 90 % des einfallenden Lichts. Würde die Belichtung an einer solchen orientiert müßten Sie im Vergleich zum gemessenen Wert um $2\,^2/_3$ Stufen länger belichten, um ein farb- und helligkeitsrichtiges Bild zu bekommen. Bei einem tiefschwarzen Motiv müßte die Belichtung umgekehrt genau halbiert werden, da Schwarz nur rund zehn Prozent reflektiert. – Ich weiß, was Sie jetzt denken! Bei einem Motiv das überdurchschnittlich viel Licht reflektiert muß die Belichtung verlängert werden, weil die hohe Re-

Abb. 64: Farben und ihre Grauwerte

flexion den Belichtungsmesser fälschlicher Weise dazu veranlaßt die Belichtung zu verkürzen. Ein Motiv das unterdurchschnittlich stark reflektiert läßt ihn umgekehrt zu lange belichten.

Sind Sie sich bei einem Motiv über Reflexion und Belichtung nicht sicher, hilft eine genormte Graukarte weiter. Unter Motivbeleuchtung angemessen ist sie die ultimative Referenz, wenn

Kontrast in der Photographie

Sie die im letzten Abschnitt angesprochene notwendige Verlängerung der Belichtung berücksichtigen. Aber auch eine asphaltierte Straße, am Besten schon etwas abgefahren, oder der blaue Himmel auf der sonnenabgewandten Seite kommen diesem Ideal nah und können als Ersatz dienen.

Darüber hinaus teilen die allermeisten Belichtungsmesser die Präferenz unseres visuellen Systems für bestimmte Farbwerte, was sich in abweichenden Belichtungswerten vor allem für die Farben an den Enden des sichtbaren Spektrums niederschlägt. Abbildung 73 zeigt, daß eine grüne oder gelbe Oberfläche im Bild viel heller erscheint als eine rote oder blaue. Die folgenden Werte geben „über den Daumen" (jede zur Belichtungsmessung zum Einsatz kommende Siliziumdiode weist eine geringfügig andere Kennlinie auf) einen Anhaltspunkt für die Größe der Korrektur:

> **Rot und Blau** $-^2/_3$ bis $-1{,}0$
> **Orange** $+^2/_3$ bis $+1{,}0$
> **Gelb und Grün** $+1{,}0$ bis $+1\,^2/_3$

Aufgrund derselben Technik bei der Belichtungsmessung stehen auch die Digitalkameras vor dieser Problematik.

Auch die Belichtungsmessung in der Filmebene kann zu ähnlichen Problemen führen, da die Filmschichten unterschiedlicher Hersteller verschiedene Färbungen aufweisen und das Licht daher nicht im jeweils gleichen Maß reflektieren. Bei einfarbigen Motiven kann dies zu Mess-Schwankungen im Bereich eines ganzen Belichtungswertes führen. Um zu wissen wie der eigene Belichtungsmesser, auch das in der Kamera verbaute TTL-Gerät, reagiert, sind Vergleichsaufnahmen unerläßlich. Präzise Hilfe leistet auch eine Graukarten- beziehungsweise Lichtmessung oder einer der sündhaft teuren, speziell korrigierten Belichtungsmesser der Firma *Zone VI*. An farbigem Licht und selbstleuchtenden Objekten, wie Lampions, Feuer oder farbigem Glas, scheitern allerdings auch sie und der Photograph muss nach Erfahrung und Gefühl korrigieren.

Möglichkeiten der Belichtungsmessung - Die Objektmessung

Die Objektmessung können wir sowohl mit einem externen Handbelichtungsmesser als auch mit der in die Kamera eingebauten Messeinheit durchführen. Da uns nur die Menge des vom Motiv reflektierten Lichts interessiert und der Messbereich durch den Kamerasucher am genauesten festzulegen ist, werden wir uns fast immer für die letztere Methode ent-

Der Kontrast und die Belichtung
Die Objektmessung

scheiden. Sie ist auch als TTL-Messung (Through-The-Lens) bekannt und berücksichtigt automatisch alle durch etwaige Filter oder Auszugsverlängerungen der Optik verursachten Verlängerungsfaktoren.

Zur Durchführung der Messung richten wir die Kamera vom ausgewählten Standort so auf das Motiv, daß der im Sucher markierte Messbereich möglichst nur das vom Motiv reflektierte Licht erfasst. Die ermittelte Zeit-Blenden Kombination sagt uns dann etwas über die Motivhelligkeit. Und da liegt auch schon der Haken. Weil der Belichtungsmesser alles als mittleres Grau interpretiert, müssen wir eigentlich eine Fläche dieser Helligkeit zur Messung heranziehen. Die Motivhelligkeit ist aber abhängig von der Beleuchtungsstärke und der Reflexionseigenschaft des Motivs. So ist es leicht nachzuvollziehen, daß ein stark reflektierendes Motiv bei geringer Beleuchtungsstärke zu derselben Motivhelligkeit führen wird, wie ein schwach reflektierendes bei großer Beleuchtungsstärke. In beiden Fällen wird uns der Belichtungsmesser denselben Wert anzeigen. Um es ganz praktisch zu machen, greife ich auf ein in diesem Zusammenhang häufig zitiertes Beispiel zurück. Nehmen wir an wir wollen nacheinander eine schwarze Katze vor einem Kohlenhaufen und

Abb. 65: Objektmessung

einen weißen Hasen auf einem Schneefeld aufnehmen. Im ersten Fall haben wir ein Motiv Schwarz in Schwarz, im zweiten eines Weiß in Weiß. Abhängig von der Beleuchtungsstärke reflektieren beide eine gewisse Lichtmenge zum Belichtungsmesser. Fällt direktes Sonnenlicht auf Katze und Kohlenhaufen, reflektieren sie unter Umständen genausoviel Licht wie Hase und

 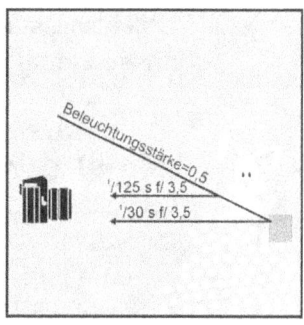

Abb. 66: Zwei Extremsituationen – Katze und Hase

Kontrast in der Photographie

Schneefeld in der Dämmerung. Für den Belichtungsmesser weisen beide Motive dann natürlich auch dieselbe Motivhelligkeit auf und er würde in beiden Fällen die gleichen Messwerte anzeigen. – Woher soll er schließlich wissen, ob das Motiv an sich weiß oder schwarz ist? Mit unserem bisher erworbenen Wissen können wir aber schon vorhersagen, daß diese in beiden Fällen übereinstimmende Belichtungseinstellung nur zu einem nicht erwünschten Bildergebnis führen kann. Schließlich fällt jede Motivstelle, die wir anmessen, automatisch auf den Punkt D der Dichtekurve und wird mit mittlerer Helligkeit abgebildet. Die Motive in unserem Beispiel sind aber nicht von mittlerer Helligkeit, sondern überwiegend schwarz beziehungsweise weiß. Fazit: Ohne die unbestechliche Referenz der mittleren Helligkeit oder des mittleren Graus können wir keiner Belichtungsmessung trauen! Was das für die verschiedenen Methoden der Objektmessung bedeutet, schauen wir uns jetzt mal genau an.

Integrative Messmethoden Integrative Messmethoden berücksichtigen das gesamte Bildfeld im Kamerasucher mehr oder weniger gleichmäßig. Die früher am häufigsten eingesetzte Variante ist die **Integralmessung**. Sie baut darauf, daß sich die Gesamthelligkeit vieler Motive zu einem Durchschnittswert mittlerer Helligkeit summiert. Da alle Motivteile entsprechend ihrer Größe und Helligkeit zum Messergebnis beitragen, ist es leicht einzusehen, daß ein dominanter Himmels- oder Schattenbereich bzw. extrem helle oder dunkle Objekte, wie die Sonne oder sie wiederspiegelnde Reflexe, der Forderung nach gesamthaft durchschnittlicher Helligkeit zuwider läuft. Tauchen sie im Bild auf, sollten sie zur Messung außerhalb des Ausschnitts platziert und der Meßwert mit der Speichertaste festgehalten werden. Für die Aufnahme kann dann wieder der zuvor gewählte Ausschnitt gewählt werden.

Aber machen wir es wieder praktisch und tauschen die Tierchen aus unserem eingangs erwähnten Beispiel gegeneinander aus. Die schwarze Katze sitzt jetzt im Schnee und der weiße Hase vor den Kohlen. In beiden Motiven finden wir einzelne Grautöne zwischen Schwarz und Weiß, aber im Ganzen ist eine Verteilung entstanden, die in keinem Fall der geforderten Helligkeit des mittleren Graus entspricht. Im ersten Fall dominiert das große weiße Schneefeld die Messung, so daß seine weit über dem geforderten Mittelwert liegende Helligkeit auf dem Punkt D der Dichtekurve zu liegen kommt. Dementsprechend wird der

Der Kontrast und die Belichtung
Die Objektmessung

Belichtungsmesser die Belichtung so weit verringern, daß die Katze kaum zu erkennen ist. Im zweiten Fall geschieht folgerichtig das Gegenteil. Hier dominiert der dunkle Kohlenhaufen und nun landet seine weit unter dem Mittelwert liegende Helligkeit auf dem Punkt D. Dies führt natürlich zu einer relativ starken Belichtung, die „kein gutes Haar", also keinerlei Zeichnung, mehr in dem weißen Hasen beläßt.

Die Moral von der Geschichte lautet also: sind wir einzig auf die Integralmessung angewiesen und haben wir es mit einer Motivsituation zu tun, in der über- oder unterdurchschnittliche Helligkeitswerte dominieren, müssen wir die Belichtung manuell korrigieren. – Wohl dem, der über einen reichen Erfahrungsschatz verfügt, denn verbindliche Angaben können hier aufgrund der vielfältigen Abweichungen nicht gemacht werden. Grundsätzlich gilt: Überwiegend helle Motive müssen stärker, überwiegend dunkle geringer belichtet werden. Ein gutes Mittel, um Erfahrungen zu sammeln und die auch subjektiv richtige Belichtung einzukreisen, ist die **Belichtungsreihe**. Wir bedienen uns also des vom Belichtungsmesser gelieferten Wertes als Ausgangsgröße und belichten ein, zwei oder drei zusätzliche Aufnahmen mit einer Abweichung von je ½ oder 1 Belichtungsstufe. In besonders kri-

Abb. 67: Integralmessung

tischen Situationen kann das Intervall auch auf $1/3$ Stufen verringert werden.

Um die gröbsten Unzulänglichkeiten der Integralmessung auszuschalten, ersannen die Konstrukteure eine Variante, die das Bildfeld nicht mehr zu 100 % gleichmäßig gewichtete, sondern in stark und weniger stark berücksichtigte Bereiche unterteilt. Dies kommt der gewohnheitsmäßigen Platzierung des Hauptmotivs in der Bildmitte entgegen und wird **mittenbetonte Integralmessung** genannt. Diese stärkere Gewichtung der Bildmitte führt in einer Vielzahl von Fällen zu einer exakteren Belichtung als die reine Integralmessung und hat diese daher mittlerweile verdrängt. Um auf das zuvor skizzierte Beispiel (Katze im Schnee, Hase vor den Kohlen) zurückzukommen: Die beiden Tierchen würde die mittenbetonte Integralmessung

Kontrast in der Photographie

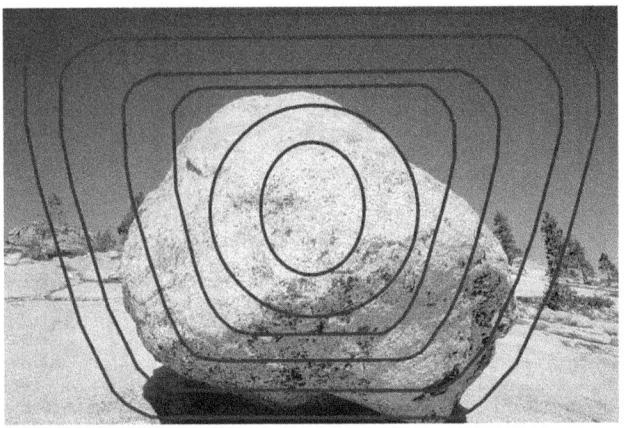

Abb. 68: Mittenbetonte Integralmessung

sicher korrekt belichten, wenn sie sich ziemlich genau in der Bildmitte befinden.

Frei von Nachteilen und Unzulänglichkeiten ist aber auch die mittenbetonte Variante nicht. Befinden sich nämlich extrem helle oder dunkle Objekte in jenem stark berücksichtigten Meßbereich in der Bildmitte, so muss sie natürlich auch versagen. Darüber hinaus ist „mittenbetont" nicht gleich „mittenbetont", denn je nach der vom Kamerahersteller verfolgten Philosophie kann das Gewichtungsverhältnis von Mitte zu Rand zwischen 80% zu 20% und 60% zu 40% schwanken. Und selbst wenn die Kamerabeschreibung die Verteilung der Empfindlichkeitszonen illustriert, so sind sie normalerweise nicht auf der Mattscheibe markiert. Ein weiterer Unsicherheitsfaktor

besteht darin, daß die Größe der Meßbereiche durch die Objektivbrennweite beeinflusst wird. Und schließlich können die asymmetrisch verteilten Meßempfindlichkeiten nur in wenigen hochwertigen Profikameras auf das Drehen ins Hochformat reagieren. Letzten Endes ist die mittenbetonte Integralmessung also auch nur eine Krücke für Wenig-Photographierer. Wer in schwierigen Situationen ganz genau wissen will, was er tut, dem hilft sie auch nicht weiter.

Die **Mehrfeldmessung** unterteilt das Bildfeld in mehrere Sektoren und bestimmt deren Helligkeit völlig unabhängig voneinander. Die rechnerische Auswertung dieser Meßwerte nach den Kriterien allgemeine Helligkeit, Kontrastumfang, flächenmäßige Verteilung der hellen und dunklen Zonen, die Lage besonders heller und dunkler Bildteile und den vom Autofokus gelieferten Entfernungsinformationen versetzt die Elektronik in die Lage, typische Motiv-Situationen wie Landschaften, Sonnenuntergänge, Motive im Gegenlicht oder bei Nacht, zu erkennen und die Belichtung dementsprechend anzupassen.

Praktisch läuft das so: Vermutet die Kameraelektronik aufgrund der geringen Allgemeinhelligkeit und des großen Kontrastes ein Dämmerungsmotiv, so wird sie die Belichtung von

Der Kontrast und die Belichtung
Die Objektmessung

sich aus auf die hellen Stellen der Lichter legen. Ergibt die Analyse dagegen eine Gegenlichtsituation, die sich durch einen dunklen Mittelteil mit heller Randzone und großen Kontrast auszeichnet, wird sie die Belichtungsmessung an dem dunklen Mittelteil orientieren. Da das Repertoire der gespeicherten Motivsituationen mittlerweile ziemlich umfangreich und die Analyse-Algorithmen sehr ausgefeilt sind, muss man der Mehrfeldmessung im Automatikbetrieb eine sehr hohe Belichtungssicherheit bescheinigen.

Aber auch hier darf man sich von dieser Aussage nicht blenden lassen. Die Kamera informiert Sie nur über die gewählte Zeit-Blenden-Kombination. In welche Kategorie sie das Motiv aufgrund welcher Anhaltspunkte eingegliedert hat, teilt sie Ihnen nicht mit. So besteht natürlich auch bei der Mehrfeldmessung die Gefahr, daß manches einzigartige Motiv, welches sich vielleicht durch zarte Reflexe auf einer Wasseroberfläche oder feine Helligkeitsabstufungen in einer lichtdurchfluteten Waldszene auszeichnet, falsch bewertet und falsch belichtet wird. Die einzig wahre Allroundmethode, die eine belastbare Aussage darüber liefert, was wie korrigiert wird, ist und bleibt daher die von A bis Z manuell durchgeführte Belichtungsbestimmung.

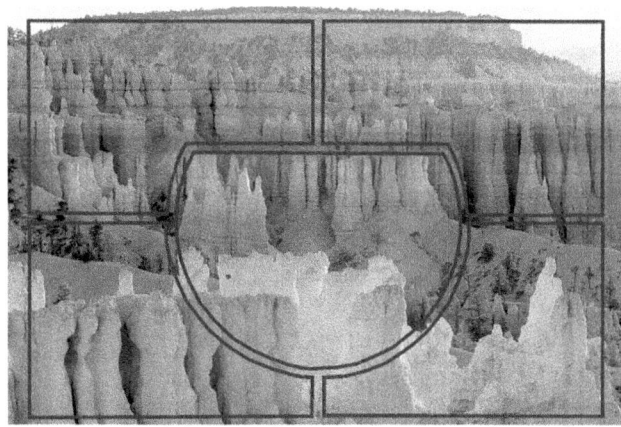

Abb. 69: Mehrfeldmessung
Die Abbildung zeigt eine typische Verteilung der Messfelder bei Mehrfeldmessung. Durch die Auswertung der Helligkeitswerte zwischen den einzelnen Segmenten ist die Elektronik in der Lage verschiedene Standard-Motive, wie z.B. Sonnenuntergang oder Gegenlicht, zu erkennen und, in den Grenzen des Kontrastumfangs, automatisch richtig zu belichten. Andere Modelle arbeiten mit einer anderen Anzahl und vollständig anderen Anordnung der Felder und produzieren deshalb vor allem in knifflligen Situationen stark abweichende Bildergebnisse.

Selektive Messmethoden Die selektiven Messmethoden belassen im Gegensatz zu jeder automatisierten Methode den entscheidenden Schritt der Belichtungsbestimmung vollständig in der Hand des Photographen: Er legt fest, wonach sich die Messung richtet. Hier geht´s also um herrlich echte Handwerkskunst! Und wer von uns beneidet die Handwerker nicht um ihre Fähigkeiten?

Kontrast in der Photographie

Abb. 70: Detailmessung
Messwinkel zwischen 10 ° und 30 ° bezeichnet man gemeinhin als selektiv, 7,5 °, 5 ° und 1 ° dagegen als Spot.

Aber langsam. Machen wir uns zunächst mit der Lage vertraut. Unter dem Begriff selektiv will ich hier alle Varianten zusammenfassen, die nur einzelne klardefinierte Motivbereiche

Abb. 71: Mehrpunktmessung

bewerten. Dazu zählen die **Selektivmessung** mit Messwinkeln zwischen 7,5° und 30° und die **Spotmessung** mit Messwinkeln zwischen 1° und 7,5°. Da so enge Messbereiche einer besonders guten optischen Kontrolle bedürfen, kommen zur Durchführung nur die in die Kamera integrierte TTL-Variante oder externe Spotmeter mit eigenem Sucher in Frage. Zur praktischen Durchführung nähern wir uns dem Motiv so weit, daß der Messbereich nur noch die wirklich wichtige Stelle erfasst. Welche das ist? Natürlich die, welche in ihrer Helligkeit unserem viel zitierten mittleren Grau entspricht. Nun sagt und schreibt sich das leicht, aber viele Motive lassen die mittlere Helligkeit entweder nicht leicht erkennen oder weisen gar keine auf. Trotzdem können wir auch sie mit dieser Messmethode beherrschen.

Sofern das mittlere Grau schwer zu erkennen ist, hilft uns unsere ganz am Anfang durchgeführte Kontrastmessung bestens weiter. Mit ihr hatten wir durch Spotmessung den Helligkeitsunterschied zwischen der hellsten und der dunkelsten noch durchzeichnenden Motivstelle ermittelt. Eingangs waren wir bequemer Weise davon ausgegangen, daß der Motivkontrast den Belichtungsumfang unseres Bildträgers nicht übersteigt und diese Annahme wollen wir weiterhin beibehalten. Nun

Der Kontrast und die Belichtung
Die Objektmessung

sind weder der Messwert der Lichter noch der der Schatten dazu geeignet die Belichtung daran zu orientieren, weil beide Stellen nicht der gesuchten mittleren Helligkeit entsprechen können. Wenn wir aber den Mittelwert aus beiden herleiten, wird unsere Belichtung sehr präzise ausfallen. Aber Obacht: Weil die Blendenskala logarithmisch und nicht linear aufgebaut ist (jede Erhöhung um eine Stufe verdoppelt die Lichtmenge), können Sie nicht einfach das arithmetische Mittel bilden. Das Ergebnis aus Blende 4 und Blende 16 lautet also nicht 10, sondern 8. Am einfachsten leiten Sie sich dies her, indem Sie die Blendenstufen auf Ihrem Objektiv abzählen. Eine noch höhere Belichtungssicherheit erzielen Sie, wenn Sie statt nur einem Punkt in den Lichtern und den Schatten jeweils zwei wählen und das Mittel aus diesen vier Werten bestimmen. Diese sogenannte **Mehrpunktmessung** können Sie darüber hinaus einsetzen, um das mittlere Grau allein zuverlässiger zu bestimmen. Auch dazu messen Sie zwei, drei oder vier Motivstellen aus von denen Sie annehmen, daß sie der mittleren Helligkeit entsprechen und ermitteln zur endgültigen Belichtung wiederum den Mittelwert.

Im zweiten Fall, wenn das Motiv keine mittlere Helligkeit aufweist, hilft uns die sogenannte **Ersatzmessung**

Abb. 72: Ersatzmessung

weiter. Hierzu messen wir ein Detail aus das zwar selbst nicht zum Motiv gehört, dessen Helligkeitsgrad wir aber entweder kennen oder zumindest genau genug schätzen können. Die unbestechlichste Referenz für diese Messung stellt die Graukarte dar. Hersteller wie *Kodak* oder *Fotowand* fertigen mit ihr das mittlere Grau in Form verschiedengroßer Kunststoffkarten quasi „zum Mitnehmen". Sie weisen auf einer Seite eine neutralgraue Beschichtung auf, die exakt 18% des einfallenden Lichts reflektiert, und sind auf der zweiten Seite weiß gefärbt. Dieses Weiß, welche eine Remission von 90% besitzt, kommt zum Einsatz, wenn das Licht so schwach ist, daß der Belichtungsmesser auf die graue Seite nicht mehr reagiert. Wird sie verwandt, muss das Messergebnis allerdings mit einer Zugabe von

Kontrast in der Photographie

+2 ¹/₃ Stufen korrigiert werden. Ihre Handhabung ist in jedem Fall denkbar einfach. Bei räumlichen Motiven richtet man sie so aus, daß die gedachte Verlängerung ihres Mittelpunktes den Winkel zwischen der Hauptlichtquelle (bei Aufnahmen im Freien die Sonne) und der Kamera halbiert. Unter diffuser Beleuchtung, wenn keine bestimmte Lichtrichtung vorherrscht, darf die Karte parallel zur Kamera stehen. Bei Reproaufnahmen wiederum muss sie parallel zur Vorlage ausgerichtet werden, da der Beleuchtungswinkel in diesem Fall die Helligkeit beeinflusst. Nun müssen wir aber nicht ständig in der Gegend herumlaufen und die Graukarte von Motiv zu Motiv tragen. Sofern die Lichtverhältnisse dort dieselben sind wie am Aufnahmestandort, kann die Messung problemlos am Standort der Kamera durchgeführt werden. Weitere Stellvertreter für das mittlere Grau sind zum Beispiel eine schon etwas abgefahrene asphaltierte Straße und der in Gegenrichtung zur Sonne angemessene klare blaue Himmel. Eine zur Messung herangezogene mattschwarze Fläche erfordert dagegen die Verringerung der Belichtung um zwei Stufen, eine grüne Wiese um eine Stufe. Und um für wirklich alle Eventualitäten gewappnet zu sein, hier ein letzter ebenfalls schon häufig beschriebener Tip: Gleichen Sie mal den Messwert für die Innenflächen Ihrer Hände mit dem für eine Graukarte ab. Mit diesem Korrekturwert im Hinterkopf haben Sie dann unabhängig von der Motivumgebung und Ihrer Ausrüstung immer eine „Handhabe" zur Belichtungsermittlung.

Möglichkeiten der Belichtungsmessung – Die Lichtmessung

Um die Lichtmessung richtig durchzuführen, brauchen wir im Gegensatz zur Objektmessung einen Handbelichtungsmesser. Ihn versetzen wir mittels einer vor die Messzelle zu schiebenden kleinen Halbkugel in die Lage das einfallende Licht räumlich, im Winkel von 180°, zu bewerten. Diese Kalotte ist opak, so daß nur der einer bestimmten Norm entsprechende Anteil des einfallenden Lichts berücksichtigt wird. Welche Norm das ist, erläutert der nächste Abschnitt. Zur Durchführung der Messung positionieren wir uns mit dem derart aufgerüsteten Gerät vor dem Aufnahmeobjekt und richten es auf die Kamera aus. Bei räumlichen Motiven, wie Landschaften oder Porträts, sollte die Messrichtung so gewählt werden, daß sie den Winkel zwischen der Hauptlichtquelle (bei Aufnahmen im Freien die Sonne) und unserem Aufnahmegerät halbiert. Bei diffuser Beleuch-

Die Lichtmessung
Belichtungsbestimmung für den Silberfilm

tung und bei Reproaufnahmen darf der Belichtungsmesser dagegen direkt auf die Kamera zielen. Eine bequeme Besonderheit: Sofern die Beleuchtung von Motiv und Aufnahmeort identisch ist, brauchen wir uns dem Objekt nicht zu nähern, sondern können die Messung in der beschriebenen Art auch am Kamerastandort durchführen. – Fällt Ihnen was auf? Dieselben Hinweise habe ich ein paar Zeilen weiter oben unter dem Stichwort „Ersatzmessung mit der Graukarte" aufgeschrieben. Und da das Prinzip der Lichtmessung genau dem der Graukartenmessung entspricht, ist das auch richtig so. Gleichen Sie einmal beide miteinander ab. Wenn Sie die Vorgehensweise richtig ausführen, werden beide Messergebnisse gleich sein.

Einfach(er) ist die Lichtmessung deshalb, weil wir uns keine Gedanken um die Reflexionseigenschaften des Motivs zu machen brauchen. Wir erinnern uns: Weil der Belichtungsmesser alles als mittleres Grau interpretiert, müssen wir eigentlich eine Fläche dieser Helligkeit zur Messung heranziehen. Wir haben im Abschnitt zur Detailmessung gesehen, daß eine solche unter Umständen schwierig zu finden sein kann oder gar nicht vorkommt. Die Lichtmessung bestimmt die Menge des einfallenden Lichts aber automatisch in diesem richtigen Verhältnis

Abb. 73: Lichtmessung

und sorgt damit dafür, daß sich die Objekte entsprechend ihren Helligkeiten richtig auf der Dichtekurve verteilen. Entsprechen sich Motivkontrast und Belichtungsumfang, so wie in unserem angenommen Fall, kann das Messergebnis direkt für die Belichtung übernommen werden. Welche Optionen wir haben, wenn dies nicht der Fall ist, beschreibt der nächste Absatz.

Belichtungsbestimmung für den Silberfilm

Ziel der Belichtungsbestimmung bei AgX-Bildträgern ist es, die Tonwerte so auf die Charakteristik-Kurve zu verteilen, daß sie im fertigen Bild ohne große Korrekturen als richtige Helligkeitswerte erscheinen. Natürlich gibt es in diesem Bereich Manipulationsmöglichkeiten wie Push-/Pull Entwicklung oder Nachbelichtung und Abwedeln,

Kontrast in der Photographie

aber sie sind unbequem und aufwendig und nur wenige Photographen hatten und haben die Gelegenheit, sie anzuwenden.

Um die Forderung zu erfüllen, müssen die mittelhellen Tonwerte des Motivs auf der Mitte der Charakteristik-Kurve zu liegen kommen. Der Punkt D auf der Kurve ist also der Dreh- und Angelpunkt der Belichtungsmessung, denn er markiert die Mitte ihres linearen Bereichs. Je nach Typ des Bildträgers wird zwei bis fünf Belichtungsstufen darunter alles unterbelichtet und schwarz und zwei bis fünf Stufen darüber alles überbelichtet und weiß abgebildet. Wie wir uns den Punkt D „ermessen"? Ganz einfach, der Belichtungsmesser tut es für uns. Egal, was wir mit ihm anmessen, es wird im Bild immer mit mittlerer Helligkeit abgebildet werden und fällt damit ganz natürlich auf den Punkt D. – Unter Berücksichtigung des oben beschriebenen Zusammenhangs der Problematik zwischen den Eichwerten 18 % und 12 %.

Belichtungsbestimmung für digitale Aufnahmesysteme

Digitale Aufnahmesysteme arbeiten elektronisch (ha, ha – natürlich wissen Sie das!) und unterscheiden sich deshalb grundlegend von unseren guten alten Filmen. Hier geht es bei der Belichtungsbestimmung darum, das Signal möglichst unverfälscht aufzuzeichnen und das heißt mit einem möglichst hohen **Signal-Rausch-Verhältnis**. Damit steht und fällt hier die Bildqualität. **Signal** meint Belichtungsstärke (die Anzahl der Photonen), die als elektrische Spannung ausgelesen und in digitale Datenwerte verwandelt wird. **Rauschen** ist der von der Kameraelektronik erzeugte, nicht originär zu diesem Signal gehörende Spannungsanteil. Der Abschnitt zum Dynamikbereich der elektronischen Aufnahmesysteme hat gezeigt, wie man beide Werte praktisch ermittelt. Die Helligkeit der Tonwerte spielt nun nur noch eine untergeordnete Rolle, denn sie kann bei der RAW-Konvertierung leicht mit der **Tonwertkorrektur** oder den **Gradationskurven** angepasst werden. Dass die Hersteller nach wie vor an der nach dem gleichen alten Schema arbeitenden Belichtungsmessung festhalten können liegt nur daran, daß die meisten Nutzer .jpegs erzeugen, bei denen den Tonwerten eine Charakteristik-Kurve übergestülpt wird, die weitgehend der der Silberbilder entspricht. Genau betrachtet werden aber zumindest solche Digitalkameras, die des RAW-Formats mächtig sind, auf diese Weise falsch benutzt.

Der Belichtungsmesser ist uns zum Erreichen des so definierten Ziels nur noch eine indirekte Hilfe.

Der Kontrast und die Belichtung
Belichtungsbestimmung für digitale Aufnahmesysteme

Das Hilfsmittel, an das wir uns halten, ist das **Histogramm**, das den Zusammenhang zwischen Pixelwerten (Signalstärke) und digitalen Datenwerten in einer tatsächlichen Aufnahmesituation visualisiert.

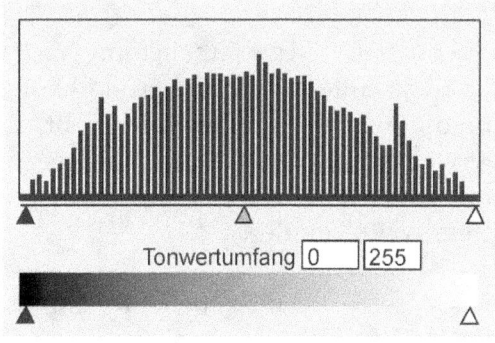

Abb. 74: Schema eines Histogramms

Das Histogramm zeigt die statistische Helligkeitsverteilung eines Bildes in Form eines fein abgestuften Balkendiagramms von Schwarz (am linken Rand) bis Weiß (am rechten Rand). Entlang seiner horizontalen Achse ist die Helligkeit abgetragen, die Höhe eines Balkens gibt an, wie viele Pixel den jeweiligen Helligkeitswert aufweisen. Die Auflösung der horizontalen Helligkeitsachse umfasst normalerweise 256 Stufen und entspricht damit einem 8 Bit-Bild, das pro Kanal 256 Tonwerte speichern kann. Ein durchgängig schwarzes Bild würde nur einen Balken mit maximalem Ausschlag am linken Rand aufweisen, ein durchgängig weißes umgekehrt nur einen einzigen maximalen Balken am rechten Rand. So etwas begegnet uns in freier Wildbahn aber nicht und deswegen sieht ein Histogramm normalerweise wie ein „Tonwertgebirge" aus. Zahlreiche Spitzen, Täler und mehr oder weniger sanfte Anstiege zeigen uns, daß bestimmte Helligkeitswerte häufiger im Bild vorkommen als andere.

Ein Histogramm ist die graphische Darstellung der Häufigkeitsverteilung von Helligkeitswerten

Um die Erhöhung des Signal-Rausch-Verhältnisses zu realisieren, haben wir zwei Stellschrauben: **Belichtungszeit** bzw. **Blende**, mit deren Verlängerung bzw. Vergrößerung wir die Belichtung und damit die Signalstärke erhöhen (die Größe auf der linken Seite des Verhältnisses Signal/Rauschen) und die **Empfindlichkeitseinstellung**, über deren Erhöhung wir das Ausleserauschen verringern (die Größe auf der rechten Seite des Verhältnisses Signal/Rauschen, siehe Abschnitt „Der Dynamikbereich elektronischer Bildträger"). Da stellt sich natürlich die Frage, an welchem Ende man drehen

Kontrast in der Photographie

soll, um das beste Ergebnis zu erzielen. Die Antwort lautet: an Beiden!

Zur Kontrolle, wie weit wir drehen müssen, kommt das Histogramm ins Spiel. Belichtung bzw. Empfindlichkeit werden so weit erhöht, daß sein Tonwertgebirge so weit rechts zu liegen kommt, daß die Lichter gerade eben noch nicht beschnitten (neudeutsch geclippt) werden. Aufnahmen im .jpeg-Format sind für diese als **Expose-To-The-Right** (ETTR) bekannte Verbesserungstechnik nicht gut geeignet. Sie werden durch die Konvertierung auf 8 Bit reduziert und die daraus resultierenden $2^8=256$ Helligkeitsstufen reichen in der Regel nicht aus, um Tonwertabrisse (Posterization) bei der notwendigen Nachbehandlung aufzufangen.

ETTR – Expose To The Right – ist auch als „HAMSTTR"© - Histogram And Meter Settings To The Right – bekannt

Im **ersten Schritt** messen wir ganz klassisch den Belichtungsumfang des Motivs aus, bestimmen also die Belichtungswerte für die dunkelste bzw. hellste Bildstelle, die noch Zeichnung aufweisen sollen und errechnen ihren Unterschied in Belichtungsstufen.

Da die Signalstärke den größten Einfluß auf das Signal-Rausch-Verhältnis besitzt, sollte die Belichtung im **zweiten Schritt** so weit wie möglich erhöht werden. Um die zuvor festgelegten Lichter nicht abzuschneiden, mißt man sie am besten mit der Spotfunktion an. Die Grenzen, die sich dabei möglicherweise stellen, sind

- eine Mindestbelichtungszeit, die nicht unterschritten werden kann, um die Aufnahme ohne Stativ nicht zu verwackeln (diese Grenze wird gern mit dem Kehrwert der verwendeten Brennweite beziffert)

- eine Höchstbelichtungszeit, die erreicht werden muss, um eine Bewegung scharf einzufrieren

- eine Blendeneinstellung, die notwendig ist, um ein bestimmtes Maß an Schärfentiefe zu erzielen

Bleibt nach Berücksichtigung aller Faktoren noch ein Spielraum auf der rechten Seite des Histogramms, so wird die Empfindlichkeit im **dritten Schritt** erhöht, bis die Lichter knapp vor diesem Ende zu liegen kommen. Hier zahlt es sich aus, die Eigenschaften der eigenen Kamera zu kennen. Speziell sollte man wissen, ob A) die Drittel-ISO-Stufen mehr Ausleserauschen aufweisen als die vollen (wie das bei vielen Canon-Modellen der Fall

Der Kontrast und die Belichtung
Belichtungsbestimmung für digitale Aufnahmesysteme

ist) und man aus diesem Grund nur auf die letzteren zurückgreift und B), bei welcher Empfindlichkeitsstufe der Gain unter eins fällt. Eine Erhöhung über diesen ISO-Wert hinaus ist wenig sinnvoll, denn man verliert nur Dynamikbereich, ohne daß ein schwächeres Signal aufgezeichnet wird. Die Tabelle auf S. 77 zeigt, daß dieser Wert bei der Canon 1D Mark II zwischen ISO 800 und 1600 liegt.

Nun gibt es mit dem Histogramm zwei Probleme. Das erste ist, daß man sich eigentlich ein Echtzeit-Histogramm wünscht, um das Bild schon vor der Aufnahme zu beurteilen. Die meisten digitalen Spiegelreflexkameras liefern uns dies aufgrund ihrer Bauart aber nicht. Sie lenken den Strahlengang mittels Spiegel zum Sucher um und geben den Weg zum Bildsensor erst im Moment der Aufnahme frei. Ihr Histogramm zeigt uns deshalb immer die Helligkeitsverteilung des bereits belichteten Bildes, das wir aber nichtsdestoweniger zumindest zur Analyse des Motivs verwenden können. Point-and-Shot Kameras sind in diesem Punkt im Vorteil, denn bei ihnen wird der Sensor dauernd belichtet, weswegen sie uns Live und in Farbe über das Helligkeitsmuster informieren können. Allerdings setzen sich auch im DSLR-Bereich inzwischen Konzepte durch, die durch technisch aufwendigere Konzeption ein Echtzeit-Histogramm ausgeben. Sofern das eigene Kameramodell nicht über diese Möglichkeit verfügt, muss man sich also in Einzelbildern an das gewünschte Resultat herantasten.

Das zweite Problem ist, daß das Histogramm, genau wie das Vorschaubild auf dem Kameradisplay, anhand des in die RAW-Daten eingebetteten jpeg-Bildes errechnet wird. Es zeigt die Verteilung der Helligkeitswerte also nicht linear. Und das ist auch gar nicht möglich, denn die RAW-Daten sind unprozessiert und unkorrigiert nicht zu benutzen, d.h. sie sind nicht interpretationsfähig. Zur Erstellung der .jpeg-Vorschau durchlaufen die Daten folgende Schritte: Sie werden Bayer-interpoliert (demosaiced), in einen Farbraum projiziert, gammakorrigiert, scharfgezeichnet, es wird eine Tonwertkurve zur Kontraststeigerung eingerechnet und es erfolgt ein Weißausgleich. Damit werden die Lichter auf ein von uns nicht zu kontrollierendes Maß angehoben und das Histogramm zeigt viel zu oft einen Tonwertabriss, wo in den RAW-Daten noch gar keiner ist. In vielen Fällen könnte man problemlos um weitere 1,0-1,5 Stufen überbelichten. Aus diesem Grund können wir nicht sicher

Kontrast in der Photographie

wissen, wie weit wir die Belichtung wirklich gefahrlos erhöhen können. Nur die Erfahrung kann dies zu einem Teil wettmachen.

Um wirklich sicher zu gehen, müssen wir die von Herstellerseite vorgesehene, in der Regel S-förmige, Tonwertkurve und die Gammakorrektur loswerden. Bei den meisten Nikon- und einigen Canon-Modellen geht dies über die Vorgabe einer so genannten **Custom Curve**. *ToneUp Studio*, einer der zahlreichen freien RAW-Konverter, bietet die Möglichkeit der Kamera eine solche Kurve nahezubringen. Dazu gehen Sie wie folgt vor:

- Versetzen Sie Kamera aus dem üblichen *USB Mass Storage Modus* in den *PTP-Modus* (Picture Transfer Protocol) und schalten Sie sie aus

- Verbinden Sie die Kamera mittels USB-Kabel mit dem Computer und schalten Sie sie ein

- Starten Sie *ToneUp Studio*

- Gehen Sie auf Edit -- Preferences und aktivieren Sie die Option *Disable gamma curve when uploading curves*

- Gehen Sie auf File -- New curve. Hier erscheint ein neues Fenster mit einer linearen Kurve.

- Gehen Sie auf File -- Upload curve

- Schalten Sie Kamera aus und trennen Sie die USB-Verbindung

- Schalten Sie Kamera ein und wählen Sie in der Rubrik *Optimize Image* die Option *Custom Tone Curve*

Natürlich erscheinen die Bilder nun auf dem Kamera-Display zu dunkel, aber das spiegelt ja nicht die endgültigen Verhältnisse wider. In der Vorschau des RAW-Konverters wird die Custom Curve ignoriert und Sie sehen ein normales gammakorrigiertes Bild.

Alle, deren Kameras nicht mit Custom Curves umgehen können, kommen der angestrebten Histogrammdarstellung zumindest sehr nahe, wenn sie die Kamera über die verschiedenen Menüs anweisen neutrale Parameter für die Größen Kontrast, Farbsättigung und Schärfe zu verwenden. Zudem können Sie der von Guillermo Luijk auf (10) vorgeschlagenen Methode folgen, um auch den kamerainternen Weißabgleich auf null zu setzen. Die Vorgehensweise erfordert zwar etwas

Der Kontrast und die Belichtung
Belichtungsbestimmung für digitale Aufnahmesysteme

Zeit, braucht dafür aber pro Kamera nur einmal durchlaufen zu werden und bringt das Histogramm von allen Einstellmöglichkeiten am weitesten in die gewünschte Richtung.

Häufig liest man im Web oder anderen Publikationen, daß man die Belichtungseinstellung gemäß der ETTR-Methode anwenden sollte, um den zur Verfügung stehenden Bitbereich voll auszunutzen. Dahinter steht der Gedanke, daß jede höhere Belichtungsstufe das nächsthöhere Bit erklimmt und deshalb doppelt so viele RAW-Stufen zur Codierung der Helligkeitswerte verwendet werden, weil diese linear aufgebaut sind. In einer 12 Bit Datei weist die höchste Belichtungsstufe ja beispielsweise 2048 RAW-Stufen auf, die zweithöchste 1024, die dritthöchste 512 und so weiter. Da liegt es nahe anzunehmen, daß die Bildqualität mit der Anzahl der zur Verfügung stehenden RAW-Stufen steigt, weil die Übergänge zwischen den Helligkeitswerten feiner werden.

Wenn man den Zusammenhang genau betrachtet, stellt man aber eine andere Wahrheit fest. Machen wir's mal praktisch und sagen, daß die in Elektronen gemessene Signalstärke in einer Belichtungsstufe in den Lichtern 10000 beträgt. Das Aufnahmerauschen ergibt sich dann als $\sqrt{10000} = 100$ Elektronen. Wenn wir einen Gain von 10 zugrunde legen – jede höhere RAW-Stufe also 10 zusätzliche Elektronen zählt – beträgt das Aufnahmerauschen für das angenommene Signal 100/10 = 10 RAW-Stufen. Die lineare Codierung des Signals in den RAW-Daten verschwendet also einen Großteil der RAW-Stufen weitgehend nutzlos, weil das Aufnahmerauschen viel größer ist als die Quantisierungsstufen. In diesem Rauschen geht die gewonnene Feinheit der Übergänge verloren. In den Schatten sieht es anders aus. Wenn wir dort für eine Belichtungsstufe eine Signalstärke von 100 Elektronen annehmen, beträgt das Aufnahmerauschen $\sqrt{100} = 10$ Elektronen. Dieser Wert übersetzt sich bei dem gleichen Gain von 10 in eine einzige RAW-Stufe. In diesen niedrigen Belichtungsstufen wird also keine der gewonnenen Bitstufen durch die Quantisierung des Rauschens verschwendet.

Die Ingenieure bei *Nikon* haben diesen Zusammenhang in der Struktur ihres NEF-Formats clever genutzt. Dort haben Sie mittels Lookup-Tabelle eine nichtlineare Komprimierung der RAW-Stufen vorgesehen, die die 4095 Stufen des 12 Bit Formats gemäß der Quadratwurzel-Beziehung zwischen Aufnahmerauschen und Signalstärke von unten nach oben ausdünnt. So steht in den Schatten die volle Stufenzahl zur Verfügung, während sie zu

Kontrast in der Photographie

den Lichtern hin abnimmt. Durch das Hinauswerfen redundanter RAW-Stufen wird also digitaler Platz gespart, ohne visuelle wichtige Informationen zu verlieren. Vor diesem Hintergrund mutet der im Produkt-Portfolio vollzogene Ausbau auf 14 Bit A/D-Konverter ein wenig amüsant an :-).

Kontrastmanipulation bei der Aufnahme

In einer Vielzahl von Beleuchtungssituationen wird der zulässige Belichtungsumfang des Aufnahmemediums den Motivkontrast akzeptabel wiedergeben können. Wirklich spannende Bilder entstehen aber oft erst, wenn eine Szene große Unterschiede zwischen hell und dunkel aufweist, wie dies beispielsweise bei Sonnenauf- und -untergang der Fall ist. In solchen Situationen muß der Photograph seinem Medium eine Hilfestellung geben, um eine Aufnahme zu schaffen, die annähernd dem entspricht, was wir wahrnehmen können. Und obwohl es sowohl in der analogen als auch in der digitalen Dunkelkammer Möglichkeiten gibt einer Vorlage mehr zu entlocken als es der Kopierprozeß im Großlabor vermag, tun Sie sich einen Gefallen, wenn Sie die wichtigen Handgriffe bereits vor dem Auslösen ausführen.

Verlauf in Grau

Grauverlauffilter spielen ihre Vorzüge vor allem dann aus, wenn es gilt einen sehr hellen Himmel belichtungstechnisch an einen im Schatten liegenden Vordergrund anzugleichen. Sie passen aufgrund ihrer rechteckigen Form in einen *Cokin*, *Cromatek* oder *Lee* Filterhalter und sind an ihrem unteren Ende klar, am oberen mit mehr oder weniger sanftem Übergang grau eingefärbt. Die Stärke der Lichtreduktion des grauen Teils können Sie zwischen ein und drei Belichtungsstufen wählen. Die Arbeitsweise ist einfach. Sie bestimmen den Motivkontrast und wählen einen entsprechenden Filter. Die Belichtung wird an der noch durchzeichnenden Schattenpartie orientiert und manuell eingestellt. Dann wird der genaue Übergang zwischen grauem und klarem Filterteil (wegen der je nach Blende variierenden Schärfe) bei auf Arbeitsblende abgeblendetem Objektiv an den Ausschnitt angepaßt. Auf diese Weise können Sie Motivkontraste von bis zu sieben Belichtungsstufen auf ein publikationsfähiges Maß drücken.

Eine Sonderform der Grauverlauffilter sind die sogenannten Reverse

Kontrastmanipulation bei der Aufnahme

Neutral Density Graduated Filters. Wie die Bezeichnung „Reverse" andeutet, verläuft der Übergang von klar nach grau bei diesen Filtern umgekehrt mit der stärksten Dämpfungswirkung in der Mitte des Filters. Damit sind sie maßgeschneidert, um die starke Helligkeit eines Sonnenauf- oder -untergangs in Horizontnähe zurückzuhalten.

Abb. 75: Zwei- bzw. Dreistufige Grauverlauffilter

Gezielt Blitzen

Mit Hilfe des Blitzgeräts ist eine weitere Art der Kontraststeuerung für eher kleine Motivbereiche möglich, mit dem es gelingt die dunkleren Partien gezielt anzuheben. Würden die Schatten aber vollständig aufgehellt und wären genauso hell wie der natürlich beleuchtete Hintergrund, würde der

Auf die Schattenpartie (2) belichte f 5,6 1/8 sec

Auf die Wolken (1) belichtet f 5,6 1/1000 sec

Mit 2stufigem Grauverlauffilter auf die Schattenpartie (2) belichtet f 5,6 1/8 sec

Abb. 76: Belichtung mit Grauverlauffilter

Kontrast in der Photographie

Blitz das Bild erschlagen. Ein geringes Beleuchtungsgefälle zwischen beiden Bildteilen ist also gewünscht, um einen realistischen Eindruck zu erwecken. Da die meisten niedrig empfindlicheren Umkehrfilme unter Tageslicht zumindest einen Rest Zeichnung in den Schatten zeigen, auch wenn diese bis zu zwei Belichtungsstufen unter den Lichtern liegen, erfüllt die Reduzierung der Blitzleistung um 1,5 bis 1,7 Stufen diese Vorgabe in den meisten Fällen recht genau.

Um dies zu erreichen, wird die Belichtung zunächst manuell am natürlich beleuchteten Hintergrund gemessen. Den richtig dosierten Blitz entlocken Sie dem Gerät dann, indem Sie beispielsweise die Filmempfindlichkeit für die Aufnahme um 1,7 Stufen erhöhen, also von 50 auf 160 ASA oder von 100 auf 320 ASA stellen. Diese Vorspiegelung einer höheren Empfindlichkeit veranlaßt den Blitz dazu weniger Licht abzugeben. Weil viele Blitzgeräte nur ganze Blendenwerte anzeigen, ist diese Methode in $1/3$ Schritten präziser und flexibler. Einzig und allein die zulässige Synchronzeit (1/90, 1/125, 1/250 sec) muß beachtet werden, um den Hintergrund nicht überzubelichten. Einige Testbilder sind unabdingbar, da der jeweilige Film und die Kamera-Blitz Kombination geringfügig andere Korrekturwerte verlangen können. Und letztlich entscheidet der persönliche Geschmack, wieviel Licht genug Licht ist!

Verschiedene Hersteller bieten zum Zweck der Schattenaufhellung auch Automatikfunktionen, wie das Matrixgesteuerte Aufhellblitzen an. Allerdings produzieren auch diese oft noch überdurchschnittlich helle und damit unnatürliche Bilder, die ebenfalls eines manuellen Overrides um rund -1,5 Belichtungsstufen bedürfen. Der Vorteil dieser Systeme ist die Möglichkeit den Korrekturwert direkt ins Blitzgerät eingeben zu können und sich bei Automatikbetrieb nicht um die jeweilige Synchronzeit sorgen zu müssen.

Um Ihren Blitz nicht zu überfordern, sollten sie darüber hinaus seine Leistungsfähigkeit kennen, also wissen, bis zu welcher Entfernung er ein Motiv bei welcher Blende korrekt belichten kann. Eigentlich sollte Ihnen die Leitzahl darüber Aufschluß geben, aber vor allem in Outdoor-Situationen können Sie sich auf diesen mehr theoretischen Wert nicht verlassen.

Machen Sie stattdessen wie folgt Ihre eigene Versuchsreihe. Nehmen Sie ein Motiv, das nach einem Aufhellblitz verlangt, draußen, in seiner natürlichen Umgebung, auf und variieren Sie die Entfernung zwischen einem und zehn Metern. Ohne Belichtungskorrektur wird das Objekt nur bei einer einzigen Entfernung richtig belichtet sein. Diese Distanz multipliziert mit der Blende ergibt die praktisch anwendbare Leitzahl, beispielsweise sieben Meter mal Blende 8 = Leitzahl 56. Bei einem nur fünf Meter entfernten Objekt können Sie dementsprechend bis auf 11 abblenden (56 : 5 = 11).

Lassen Sie darüber hinaus noch ein Korrekturprogramm, wie das Matrixgesteuerte Aufhellblitzen, laufen, werden Sie eine Reihe richtigbelichteter Aufnahmen erhalten, zum Beispiel zwischen einem und fünf Metern. In diesem Fall ist die größte Entfernung ausschlaggebend für die Berechnung der Leitzahl, die wiederum nach dem oben genannten Schema läuft.

Mit diesem Rüstwert im Kopf haben Sie einen wichtigen Schritt getan, um die Situationen, die die Natur bereit hält, richtig mit Ihrer kleinen künstlichen Sonne zu belichten.

Wenn der maximale Leuchtwinkel (das vom Blitzgerät abgedeckte Bildfeld) geringfügig kleiner ist als die verwendete Brennweite, was im extremen Weitwinkelbereich um 20 mm Brennweite durchaus vorkommen kann, ist dies beim künstlichen Aufhellen von Außenaufnahmen kein unbedingt limitierender Faktor, da

Abb. 77: Kontrastausgleich mit Blitz

ein geringer Lichtabfall zu den Rändern bei einer kurzen Brennweite für einen eher natürlichen Effekt sorgt. Trotzdem sollten Sie auch diesen Faktor testen, um auf Nummer Sicher zu gehen.

Wichtig ist es auch mit der Lichtrichtung der natürlichen Beleuchtung zu blitzen. – Ein aufgehelltes Detail vor der Kulisse des Sonnenuntergangs wirkt ansonsten unecht.

Kontrast in der Photographie

Da Blitzgeräte von zu Hause aus eine leicht bläuliche Tageslichtcharakteristik aufweisen, empfiehlt es sich auch ihr Licht mit einem 81 A Gelatinefilter leicht „anzuwärmen", um die Illusion perfekt zu machen.

Durch die Kombination von Grauverlauffilter und Aufhellblitz können Sie einen Motivkontrast von bis zu neun Belichtungsstufen überbrücken und sich so dem Nutzbereich unseres Auges zumindest annähern.

Eine weitere Möglichkeit dem Motiv zusätzliches Licht zu verschaffen ist es mit einem faltbaren Reflektor dorthin zu lenken. Vor allem bei Makrostudien findet so ein Utensil oft Verwendung, um die filigranen Objektdetails mit weichem und absolut natürlichem Umgebungslicht aufzuhellen. Besonders vorteilhaft ist es, die Wirkung zu jeder Zeit voll kontrollieren zu können, da die Handhabung voll manuell ist.

4 Anhang

Inhalt

Anmerkungen
Literaturverzeichnis
Stichwortverzeichnis

Anhang

Anmerkungen

(1) Nach Daten aus: Bowmaker, J.K., Dartnall, H.J.A. (1980)

(2) Nilson, C. D., Darling, R. B., Pinter, R.B.: Shunting neural network photodetector arrays in analog CMOS. *IEEE Journal of Solid State Circuits* Nr. 10: S. 1291-1296 (1994)

(3) Carmona, R. et al: *Bioinspired CMOS Photosensor Adaptation using Local Luminance Feedback*. Instituto de Microelectronica de Sevilla, http://www.imse.cnm.es/locust/publications/conferences/CNNA04_IMSE.pdf

(4) Meylan, L. et al: *A Model of Retinal Local Adaptation for the Tone Mapping of Color Filter Array Images*. http://david.alleysson.free.fr/Publications/Josa07Final.pdf

(5) Pugh, E. Jr., Lamb, T.: Cyclic GMP and calcium: the internal messengers of excitation and adaptation in vertebrate photoreceptors. *Vision Research* Nr. 30: S. 1923-1948 (1990)

(6) Nach Daten aus: Schreiber, W. F. in *Fundamentals of Electronic Imaging Systems*. Springer Verlag, Berlin (1993)

(7) Nach Daten aus: Stevens S.S. (1962)

(8) Nach Daten aus: Hunt, R. W. G.: *The Reproduction of Color*. Fountain Press (1996)

(9) www.21stcenturyshoebox.com/essays/color_reproduction.html

(10) www.guillermoluijk.com/tutorial/uniwb/index_en.htm

Literatur

Visuelle Wahrnehmung

Barlow, H. B., Mollon, J.: *The Senses*. Oxford University Press (1982)

Berkeley, G.: *Versuch über eine neue Theorie des Sehens*. Meiner (1987)

Bruce, V., Green, P. R., Georgeson, M.: *Visual perception: physiology, psychology and ecology*. LEA (1996)

Campenhausen, C. von: *Die Sinne des Menschen. Band 1: Einführung in die Psychophysik der Wahrnehmung*. Thieme (1981)

Literaturverzeichnis

Cornsweet, T. N..: *Visual Perception*. Academic Press (1970)

Frisby, J. P.: Seeing: *Illusion, Brain And Mind*. Oxford University Press (1980)

Gregory, R. L.: *Auge und Gehirn*. Rowohlt (2001)

Harris, C. S.: *Visual Coding and Adaptability*. Erlbaum (1980)

Held, R. (Hrsg.): *Recent Progress in Perception*. Freeman (1976)

Held, R., Richards, W.: *Perception: Mechanisms and Models*. Freeman (1972)

Kaufman, L.: *Sight and Mind: an Introduction to Visual Perception*. Oxford University Press (1974)

Levine, M. W.: Shefner, J. M.: *Fundamentals of Sensation and Perception*. Addison-Wesley (1981)

Livingstone, M. S., Hubel, D. H.: Psychophysical evidence for separate channels for the perception of form, colour, movement and depth. *Journal of Neuroscience* Nr. 7: S. 3416-3468 (1987)

Milner, P., Goodale, M. A.: *The visual brain in action*. Oxford University Press (1995)

Riggs, L. A., Ratliff, E., Cornsweet, T. N.: The disappearance of steadily fixated visual test objects. *Journal of the Optical Society of America* Nr. 43: S. 459 (1953)

Rock, I.: *An Introduction to Perception*. Macmillan (1975)

Sekuler, R., Blake, R.: *Perception*. McGraw Hill (1994)

Wallach, H.: *On Perception*. Quadrangle Books (1976)

Neurophysiologie

Godde, B., Dinse, H.: Plasticity of orientation preference maps in the visual cortex of adult cats. *Proceedings of the National Academy of Sciences* Bd. 99: S. 6352-6357

Blakemore, C.: *Mechanics of the Mind*. Cambridge University Press (1977)

Blakemore, C., Tobin, E. A.: Lateral Inhibition between orientation detectors in the cats visual cortex. *Experimental Bain Research* Nr. 15: S.439-440 (1972)

Blakemore, C., Cooper, G. C.: Development of the brain depends on the visual environment. *Nature* Nr. 228: S. 477-478 (1970)

Bowmaker, J.K., Dartnall, H.J.A.: Visual pigments of rods and cones in a human retina. *Journal of Physiology* Nr. 298: S.501-511 (1980)

Carter, R.: *Mapping the Mind*. University of California Press (1998)

Anhang

Cynander, M., Timney, B. N., Mitchell, D. E.: Period of susceptibility of kitten visual cortex to the effects of monocular deprivation extends beyond six months of age. *Brain Research* Nr. 191: S. 545-550 (1980)

Dawkins, R., Norton, W. W.: *Climbing Mount Improbable.* Rowohlt (1998)

Dowling, J. E.: *The retina – an approachable part of the brain.* Harvard University Press (1987)

Düweke, P.: *Kleine Geschichte der Gehirnforschung - Kurzbiographien wichtiger Hirnforscher von René Descartes über Cécile und Oskar Vogt bis zu John Eccles.* C.H. Beck (2001)

Edelmann, G. M.: *Gehirn und Geist. Wie aus Materie Bewusstsein entsteht.* dtv (2004)

Edelmann, G. M.: *Unser Gehirn - ein dynamisches System: Die Theorie des neuronalen Darwinismus und die biologischen Grundlagen der Wahrnehmung.* Piper (1993)

Foley, J. P. jr.: An experimental investigation of the effects of prolonged inversion of the visual field in the rhesus monkey. *Journal of Genetics and Psychology* Nr. 56: S. 21-55 (1940)

Gegenfurtner, K. R.: *Gehirn & Wahrnehmung.* Fischer Taschenbuch Verlag (2003)

Greenfield, A.: *Reiseführer Gehirn.* Spektrum Akademischer Verlag (2003)

Gregory, R. L.: *The Oxford Companion the the Mind.* Oxford University Press (1987)

Hubel, D. H.: *Eye, Brain and Vision.* Scentific American Library (1995)

Hubel, D. H., Wiesel, T. N.: Receptive fields and functional architecture in two non-striate visual areas (18 and 19) of the cat. *Journal of Physiology* Nr. 28 (1965)

Hubel, D. H., Wiesel, T. N.: Receptive fields of single neurons in the cat's striate cortex. *Journal of Physiology* Nr. 148 (1959)

Hubel, D. H., Wiesel, T. N.: Receptive fields, binocular interaction and functional architecture in the cat's visual cortex. *Journal of Physiology* Nr. 160 (1962)

Hubel, D. H.: *Effects of deprivation on the visual cortex of cat and monkey.* In: Harvey Lectures, Series 72, Academic Press (1978)

Hüther, G.: *Bedienungsanleitung für ein menschliches Gehirn.* Vandenhoeck & Ruprecht (2002)

Jung, R., Kornhuber, H. H. (Hrsg): *Neurophysiologie und Psychophysik des visuellen Systems.* Springer (1961)

Kuffler, S. W., Nicholls, J. G.: *From Neuron to Brain.* Sinauer (1976)

Literaturverzeichnis

Kuffler, S.: Discharge patterns and functional organization of the mammalian retina. *Journal of Neurophysiology* Nr 16 (1953)

Merlin, D.: *Origins of Modern Mind: Three Stages in the Evolution of Culture and Cognition.* Harvard University Press (1991)

Mishkin, M., Ungerleider, L. G., Macko, K. A.: Object vision and spatial vision: Two central pathways. *Trends in Neuroscience* Nr. 6: S. 414-417 (1983)

O'Shea, M.: *Das Gehirn, Eine Einführung.* Reclam, Stuttgart (2008)

Schmidt, R. F., Schaible, H. G.: *Neuro- und Sinnesphysiologie.* Springer (2001)

Singer et all: *Neuronal representations and temporal codes.* In: Poggio, T. A. & Glaser, D. A. (Hrsg.) Exploring brain functions: Models in neuroscience (1993)

Tovee, M. J.: *The Speed of Thought. Information Processing in the Cerebral Cortex.* Springer Verlag (1987)

Ungerleider, L. G., Haxby, J. V., „What" and „where" in the human brain. *Current Opinion in Neurobiology* Nr. 4: S. 157-165 (1994)

Yarbus, D. L.: *Eye movements and vision.* Plenum Press (1967)

Zeki, S. M.: *A vision of the brain.* Blackwell (1993)

Zeki, S.: *Inner Vision.* Oxford University Press (2003)

Kontrastempfindlichkeit

Arden G. B.: The importance of measuring contrast sensitivity in cases of visual disturbances. *British Journal of Ophthalmology* Nr. 65: S. 198-209 (1978)

Bex, P.: *Contrast Sensitivity*, In: Dartt, D. A. (Hrsg.) Encyclopedia of the Eye, Academic Press (2010)

Campbell, F. W., Robson J.G.: Application of fourier analysis to the visibility of gratings. *Journal of Physiology* Nr. 197: S. 551-566 (1968)

Curcio C. A., Sloan K. R., Kalina R. E. et al: Human photoreceptor topography. *Journal of Comparative Neurology* Nr. 292: S. 497-523 (1990)

Davson, H.: *Davson's Physiology of the Eye, 5th ed.* Macmillan Academic and Professional Ltd (1990)

Anhang

Dupuy, O., Arnulf, A.: The transmission of contrasts by the optical system of the eye and the retinal thresholds of contrast. *Comptes Rendus Hebdomadaires des Seances de l Academie des Sciences* Nr. 250: S. 2757–2759 (1960)

Enroth-Cugell, C., Robson, J. G.: The contrast sensitivity of retinal ganglion cells of the cat. *Journal of Physiology* Nr. 187: S. 517–552 (1966)

Graham, C. H.: *Vision and Visual Perception*. Wiley (1965)

Harwerth R. S., Smith E. L., Duncan G.C., Crawford M. L., von Noorden G. K.: Multiple sensitive periods in the development of the primate visual system. *Science* Nr. 232: S. 235-238 (1986)

Hoekstra, J., van der Goot, D. P. J., van den Brink, G., Bilsen, F. A.: The influence of the number of cycles upon the visual contrast threshold for spatial sine wave patterns. *Vision Research* Nr. 14 (6): S. 365-368 (1974)

Kolb H., Linberg K.A., Fisher S. K.: Neurons of the human retina: a Golgi study. *Journal of Comparative Neurology* Nr. 318: S. 147-187 (1992)

Lamming D.: *Contrast Sensitivity. Chapter 5*. In: Cronly-Dillon, J., Vision and Visual Dysfunction, Vol 5. Macmillan (1991)

Schwartz, S. H.: *Visual Perception*. Appleton and Lange (1999)

Shapley R. and Enroth-Cugell C.: Visual Adaptation and Retinal Gain Controls. *Progress in Retinal and Eye Research* Nr. 3: S. 263-346 (1984)

Smith G., Atchison D. A.: *The Eye and Visual Optical Instrument*. Cambridge University Press (1997)

Stevens S.S.: The surprising simplicity of sensory metrics. *American Psychologist* Nr. 17: S. 29-39 (1962)

Vaney D. I.: Patterns of neuronal coupling in the retina. Progress in Retinal and Eye Research Nr. 13: S. 301-355 (1994)

Wässle H., Grunert U., Chun M. H., and Boycott B. B.: The rod pathway of the macaque monkey retina: identification of AII-amacrine cells with antibodies against calretinin. *Journal of Comparative Neurology* Nr. 361: S. 537-551 (1995)

Photographie

Adams, A., Baker, R.: *Das Negativ*. Verlag Christian (1998)

Adams, A., Baker, R.: *Das Positiv als photographisches Bild*. Verlag Christian (1998)

Literaturverzeichnis

Adams, A., Baker, R.: *Die Kamera*. Verlag Christian (2000)

Clements, J.: *Digitale Landschaftsfotografie*. Rowohlt (2003)

Cornish, J., Waite, C.: *Light and the Art of Landscape Photography*. AMPHOTO (2003)

Ctein: *Post Exposure*. Focal Press (2000)

Dasai, A., Russel. S.: *Essentials of Digital Photography*. New Riders Publishing (1997)

Davies, A., Fennesy, P.: *Digital Imaging for Photographers*. Focal Press (1998)

Eastman Kodak Company: *Digital Imaging Fundamentals – CD Training Series*. (1994)

Erickson, B., Romano, F.: *Professional Digital Photography*. Prentice Hall (1999)

Farace, J.: *Digital Imaging: Tips, Tools and Techniques*. Focal Press (1998)

Feininger, A.: *Andreas Feiningers Grosse Fotolehre*. Heyne (2001)

Fielder, J.: *Photographing the Landscape: The Art of Seeing*. Westcliffe Publications (1996)

Fitzharris, T.: *The Sierra Club Guide to 35 mm Landscape Photography*. Sierra Club Books (1994)

Gombrich, E. H.: *Art and illusion*. Phaidon (1959)

Hope, T.: *Landscape: The World's Top Photographers and the Stories Behind Their Greatest Images*. Rotovision (2003)

Johnson, S.: *Stephen Johnson on Digital Photography*. O'Reilly (2006)

Kemp, M.: *The Science of art: optical themes in Western art from Brunelleschi to Seurat*. Yale University Press (1990)

Langford, M.: *Advanced Photography*. Focal Press (1998)

Mante, H., Neumann, J. H.: *Objektive kreativ nutzen*. Verlag Photographie (1986)

Marchesi, J. J.: *Handbuch der Fotografie - Band 1*. Verlag Photographie (1999)

Marchesi, J. J.: *Handbuch der Fotografie - Band 2*. Verlag Photographie (1999)

Marchesi, J. J.: *Handbuch der Fotografie - Band 3*. Verlag Photographie (1999)

Marchesi, J. J.: *Photokollegium Teil 1*. Verlag Photographie (1991/92)

McClelland, D., Eismann, K.: *Real World Digital Photography: Industrial Techniques*. Peachpit Press (1999)

Michel, K.: Die wissenschaftliche und angewandte Photographie, 10. Band Die Mikrofotografie (1967)

Anhang

Peterson, B. F.: *Learning to See Creatively: Design, Color & Composition in Photography.* Watson-Guptill (2003)

Peterson, B.: *Understanding Exposure.* AMPHOTO (1990)

Ray, S.: *Applied Photographic Optics.* Focal Press (1988)

Rowell, G.: *Mountain Light.* Sierra Club Books (1995)

Rowell, G.: *Galen Rowell´s Vision.* Sierra Club Books (1993)

Schaefer, J. P.: *Basic Techniques of Photography.* Little, Brown and Company (1993)

Sigrist, M, Stolt, M.: *Die große Objektiv Fotoschule.* Umschau Buchverlag (2001)

Stroebel, L.: *View Camera Technique.* Focal Press (1999)

Stroebel, L., Compton, J., Current, I., Zakia, R.: *Basic Photographic Materials And Processes.* Focal Press (2000)

Stroebel, L., Zakia, R. (Hrsg.): *The Focal Encyclopedia of Photography.* Focal Press (1993)

Tillmanns, U.: *Fotolexikon - 1367 Fachbegriffe.* Verlag Photographie (1991)

Tillmans, U.: *Kreatives Grossformat – Grundlagen und Anwendungen.* Verlag Photographie (1992)

Tillmans, U.: *Kreatives Grossformat – Naturlandschaften.* Verlag Photographie (1994)

Walter, T.: *MediaFotografie analog & digital.* Springer (2005)

Weber, E. A.: *Sehen, Gestalten und Fotografieren.* de Gruyter (1979)

White, J.: *The birth and rebirth of pictorial space.* Faber and Faber (1967)

White, R.: *How Computers Work.* QUE (1998)

Wolfe, A., Davidson, A.: *Edge of the Earth, Corner of the Sky.* Wildlands Press (2003)

Zakia, R.: *Perception and Imaging.* Focal Press (1997)

Stichwortverzeichnis

A

A/D-Wandler 67, 69, 75, 76, 86
  Gain 69, 71, 72, 74, 77, 78, 115, 117, 128
  Unity Gain 77, 78
Absorptionsspektren 33
Adaptationskurve 33–34
Adaptationszustände 32, 33–34
Adobe Gamma 90–91
Aufnahmerauschen 4, 60, 66, 67, 71, 73, 117
Ausleserauschen 4, 60, 61, 62, 65, 66, 67, 71, 72, 73, 74, 75, 76, 113, 114

B

Beleuchtungskontrast 11–12
Beleuchtungsstärke 10–12, 16–18, 30, 30–34, 35, 37–38, 41–42, 100–102, 103–104
Belichtungsmesser
  Eichwert der 99
Belichtungsmessung 5, 38, 97–98, 99–100, 101, 102, 104, 107, 110, 112–118
  Ersatzmessung 109, 109–110, 111
  Integralmessung 98, 104, 105, 105–107, 106, 106–107
  Lichtmessung 5, 102, 110, 110–111, 111
  Mehrfeldmessung 106–107, 107
  Mehrpunktmessung 108, 109–110
  mittenbetonte Integralmessung 105–107, 106–107
  Objektmessung 5, 102, 102–104, 103, 104, 105, 107, 109, 110–111
  Selektivmessung 98, 108–110
  Spotmessung 108–110
  TTL-Messung 103–104
Belichtungsstufen 15, 21, 22, 28, 29, 30, 41, 56, 58, 59, 62, 72, 75, 76, 77, 92, 94, 112, 114, 117, 118, 120, 122
Belichtungsumfang 12, 23, 50–51, 53–57, 59, 76–77, 97–98, 108–110, 111, 114–118
Beta-Wert 3, 9, 20
Bias-Offset 61–65
Bildqualität 4–5, 7, 51–52, 81–85, 112–118
Bitbreite 4, 71, 76, 77
Blooming 65

C

Camera Raw 81, 85
  Shadow Slider in 81
Canon
  Bias-Offset 61
CCD-Charakteristik-Kurven 64
Center/Surround Organisation 28
Charakteristik-Kurve 3, 6–7, 9, 16–18, 18–20, 20–21, 22–23, 29–30, 44, 49, 50–51, 55–57, 58, 65, 67, 87–88, 111–112, 112–118
  Bereich der richtigen Belichtung 18
  Beta-Wert 3, 9, 20
  Dichtemaximum 18

Anhang

Durchhang 17–18, 20, 21, 22–23, 55–57, 56–57
Dynamikumfang 22–23, 36, 41–42
Farbdichtekurven 18, 57–58
Gammawert 3, 9, 18–20, 20–21, 30, 50–51, 58–59, 72–75, 88–89, 90–91, 96–97
Grunddichte, 17–18
Kontrast-Index 3, 9, 21
linearen Bereich 17–18, 30
Maximalpunkt 22–23, 65
Minimalpunkt 22–23
Schulter 18, 20, 22–23, 55–57, 56–57
Sigmoidfunktion 29–30
Chrominanzrauschen. *Siehe* Zufallsmusterrauschen
Clipping 81

D

Dämmerungssehen. *Siehe* mesopisches Sehen
Dark Current. *Siehe* Dunkelrauschen
Dekadischer Logarithmus. *Siehe* Zehnerlogarithmus
Densitometer 47–49
Dichtekurve. *Siehe* Charakteristik-Kurve
digitale Aufnahmesysteme
  Belichtungsbestimmung für 112
Driffield, Vero Charles 16
Dunkelbild 61, 69
Dunkelrauschen 4, 68, 69
Dynamikbereich 59, 73
  Maximalpunkt 22–23, 65
  Minimalpunkt 22–23

Dynamikumfang 22–23, 36, 41–42

E

elektronische Bildträger 59
Ersatzmessung 109–110, 111
Expose-To-The-Right/ETTR 114

F

Farbdichtekurven 18, 57–58
Farbräume
  AdobeRGB 96–97
  eciRGB_v1 97
  eciRGB_v2 97
  sRGB 92–96
Fechner, Gustav Theodor 40
Festmusterrauschen 4, 62, 66, 68
Full Well Capacity 4, 69, 70, 76, 77, 79

G

Gain 69, 71, 72, 73, 74, 77, 78, 115, 117, 128
Gammakorrektur 5, 40, 43, 64, 77, 79, 80, 86, 87, 88, 89, 90, 91, 93, 95, 96, 116
Gammawert 3, 9, 18–20, 20–21, 30, 50–51, 58–59, 72–75, 88–89, 90–91, 96–97
Gehirn 27–28, 37–38, 125, 126–128
Goldberg, Emanuel 51
Goldberg-Regel/Goldberg-Gamma 51
Gradationskurve. *Siehe* Tonwertkurve
Graukarten 100, 102
Grauverlauffilter 29, 118–119, 122

Stichwortverzeichnis

H

HD-Kurve. *Siehe* Charakteristik-Kurve
Hell-/Dunkel-Adaptation 3, 25, 30, 31, 33
  Adaptationskurve 33–34
  Adaptationszustände 33–34
  Kohlrausch-Knick 34
  mesopisches Sehen 31–34
  photopisches Sehen 31–34
  Purkinje-Shift 33
  skotopisches Sehen 31–34
Histogramm 55–57, 61–65, 84–85, 86, 87, 88–89, 113–118
Histogram And Meter Settings To The Right/HAMSTTR 114
Hurter, Ferdinand 16
Hurter-Driffield-Kurve 16–18. *Siehe* Charakteristik-Kurve

I

ImagesPlus 60
Integralmessung 98, 104, 105–107
IRIS 60

K

Knoll, Thomas 85
Kohlrausch-Knick 34
Kontrast-Index 3, 9, 21
Kontrastarten
  Beleuchtungskontrast 11–12
  Belichtungsumfang 12, 23, 50–51, 53–57, 59, 76–77, 97–98, 108–110, 111, 114–118
  Motivkontrast 6–7, 12, 44–45, 49, 58, 97–98, 108–110, 111, 118–119, 122
  Objektkontrast 11–12
Kontrastreproduktion 4–5, 7, 10–12, 43, 44, 45, 49–51
Kontrastverhalten 4–5, 7, 12, 30, 43, 53–57, 55–57, 60, 61, 63–65
Kontrastwahrnehmung 3, 7, 10–12, 25, 26, 28, 30, 32, 34, 36, 38, 40, 42, 86–88, 88–89, 89–91, 91–96

L

Lab-Modell 84–85
laterale Hemmung 35
Lichtmessung 5, 102, 110, 111
Logarithmus 3, 7, 9, 13, 14, 15, 16–18, 22–23, 35–36, 38–41, 59, 63–65
  Logarithmus zur Basis 2 14
  natürlicher Logarithmus 13–14
  Zehnerlogarithmus 13–14, 17–18
logarithmus dualis. *Siehe* Logarithmus zur Basis 2
logarithmus naturalis. *Siehe* natürlicher Logarithmus
Logarithmus zur Basis 2 14
Luminanzrauschen. *Siehe* Zufallsmusterrauschen

M

Maximalpunkt 22–23, 65
Mehrfeldmessung 106–107
Mehrpunktmessung 108, 109–110
mesopisches Sehen 31–34
Mikrosakkaden 26–28
Minimalkontrast-Kurve 38

Anhang

Minimalpunkt 22–23
mittenbetonte Integralmessung 105–107
Motivkontrast 6–7, 12, 44–45, 49, 58, 97–98, 108–110, 111, 118–119, 122

N

Nachtsehen. *Siehe* skotopisches Sehen
natürlicher Logarithmus 13–14
Negativfilm 4–5, 6–7, 28–29, 57, 58
Nervensystem 27–28
Nervenzelle 27–28
Netzhaut 28–29
Netzhaut, Informationsverarbeitung in der
  Center/Surround Organisation 28
  laterale Hemmung 35, 37–38, 91–96

O

Objektkontrast 11–12
Objektmessung 5, 102–104, 105, 107, 109, 110–111

P

Photonenrauschen 62, 67. *Siehe* Aufnahmerauschen
Photonen Transfer Kurve 67, 68
photopisches Sehen 31–34
Photorezeptoren 26–28, 29, 29–30, 30–34, 35–36, 91–96
  Absorptionsspektren 33
  Stäbchenrezeptoren 30, 31–34, 36–37
  Zapfenezeptoren 30, 31–34, 36–37

Photoshop 27–28, 60–65, 84–85, 90–91
Photo Response Non Uniformity. *Siehe* Festmusterrauschen
Pixel 27–28, 36–37, 60–65, 66–67, 68–69, 70–71, 77, 78–79, 84–85, 113–118
Posterization. *Siehe* Tonwertabriss
Pupille 37–38
Purkinje-Shift 33

Q

Quantisierung 61, 64, 70, 72, 117

R

Read Noise. *Siehe* Ausleserauschen
Retina 26–28, 29–30, 30–34, 35–36, 37–38. *Siehe auch* Netzhaut
RGB-Modell 84–85
Rowell, Galen 6

S

Schärfeeindruck 51–52
Schwarzpunkt 80, 81, 84, 90, 97
Sehloch. *Siehe* Pupille
Selektivmessung 98, 108–110
Shot Noise. *Siehe* Aufnahmerauschen
Sigmoidfunktion 29–30
Signal-Rausch-Verhältnis 66, 68, 74, 75, 76, 78, 79, 112, 114
Silberfilm 5, 53–57, 64–65, 67, 68, 81–85, 111
  Belichtungsbestimmung für den 111
Silberhalogenid-Kristall 54–57
skotopische Sehen 31–34

Stichwortverzeichnis

Spotmessung 108–110
Stäbchenrezeptoren 30, 31–34, 36–37
Standardabweichung 62, 71, 72
Streulicht 4–5, 12, 45–46, 47, 48–49,
    80–81, 91–96
Streulichtanteil 46, 47–49
Streulichtfaktor 46, 47
Synapse 29–30

T

Tagessehen. *Siehe* photopisches Sehen
Tindemans, Simon 84
ToneUp Studio 116
Tonwertabriss 84–85, 115–118
Tonwertkurve 60, 79, 81, 82, 83, 84, 88,
    115, 116
  S-Kurve 82, 83
  umgekehrte S-Kurve 83
TTL-Messung 103

U

Umgebungshelligkeit 4–5, 32, 34, 38,
    49, 81, 100
Umkehrfilm 4, 6, 28, 57, 58
Unity Gain 77, 78
UV-Schutzglas 42
  Tru-Vue 42

W

Weber, Ernst Heinrich 40
Webersche Gesetz 40

Z

Zapfenzeptoren 30, 31, 34, 36
Zehnerlogarithmus 13, 17
Zufallsmusterrauschen 4, 68

www.ingramcontent.com/pod-product-compliance
Lightning Source LLC
Chambersburg PA
CBHW082334220526
45470CB00008B/2509